Oxford International Primary

[英] 艾莉森·佩奇（Alison Page）
霍华德·林肯（Howard Lincoln）著
卡尔·霍尔德（Karl Held）

赵婴 樊磊 刘畅 郭嘉欣 刘桂伊 译

4

适合8～9岁

牛津给孩子的信息科技通识课

清華大学出版社
北京

内 容 简 介

新版《牛津给孩子的信息科技通识课》共 9 册，旨在向 5 ～ 14 岁的学生传授重要的计算思维技能，以应对当今的数字世界。本书是其中的第 4 册。

本书共 6 单元，每单元包含循序渐进的 6 部分教学内容和一个自我测试。教学环节包括学习目标和学习内容、课堂活动、额外挑战和更多探索等。自我测试包括一定数量的测试题和以活动方式提供的操作题，读者可以自测本单元的学习成果。第 1 单元介绍微处理器和文件存储，第 2 单元介绍如何使用万维网，第 3 单元介绍如何编写使用变量和条件判断的程序，第 4 单元介绍如何开发一个简单的游戏程序，第 5 单元介绍如何创建、编辑文档，第 6 单元介绍如何在电子表格中处理数据、创建公式、制作图表。

本书适合 8 ～ 9 岁的学生，可以作为培养学生 IT 技能和计算思维的培训教材，也适合学生自学。

北京市版权局著作权合同登记号 图字：01-2021-6584

图书在版编目（CIP）数据

牛津给孩子的信息科技通识课 . 4 /（英）艾莉森 • 佩奇 (Alison Page) ,（英）霍华德 • 林肯 (Howard Lincoln) ,（英）卡尔 • 霍尔德 (Karl Held) 著；赵婴等译 . —北京：清华大学出版社，2024.9

书名原文：Oxford International Primary Computing Student Book 4

ISBN 978-7-302-61202-5

Ⅰ . ①牛…　Ⅱ . ①艾…　②霍…　③卡…　④赵…　Ⅲ . ① 计算方法－思维方法－青少年读物　Ⅳ . ① O241-49

中国版本图书馆 CIP 数据核字 (2022) 第 110200 号

责任编辑：袁勤勇
封面设计：常雪影
责任校对：李建庄
责任印制：沈　露

出版发行：清华大学出版社
网　　址：https://www.tup.com.cn，https://www.wqxuetang.com
地　　址：北京清华大学学研大厦 A 座　　**邮　　编：**100084
社 总 机：010-83470000　　**邮　　购：**010-62786544
投稿与读者服务：010-62776969，c-service@tup.tsinghua.edu.cn
质 量 反 馈：010-62772015，zhiliang@tup.tsinghua.edu.cn
印 装 者：小森印刷（北京）有限公司
经　　销：全国新华书店
开　　本：210mm×260mm　　**印　　张：**7.25　　**字　　数：**131 千字
版　　次：2024 年 9 月第 1 版　　**印　　次：**2024 年 9 月第 1 次印刷
定　　价：59.00 元

产品编号：089975-01

序言

2022年4月21日，教育部公布了我国义务教育阶段的信息科技课程标准，我国在全世界率先将信息科技正式列为国家课程。“网络强国、数字中国、智慧社会”的国家战略需要与之相适应的人才战略，需要提升未来的建设者和接班人的数字素养和技能。

近年，联合国教科文组织和世界主要发达国家都十分关注数字素养和技能的培养和教育，开展了对信息科技课程的研究和设计，其中不乏有价值的尝试。《牛津给孩子的信息科技通识课》是一套系列教材，经过多国、多轮次使用，取得了一定的经验，值得借鉴。该套教材涵盖了计算机软硬件及互联网等技术常识、算法、编程、人工智能及其在社会生活中的应用，设计了适合中小学生的编程活动及多媒体使用任务，引导孩子们通过亲身体验讨论知识产权的保护等问题，尝试建立从传授信息知识到提升信息素养的有效关联。

首都师范大学外国语学院赵婴教授是中外教育比较研究者；首都师范大学教育学院樊磊教授长期研究信息技术和教育技术的融合，是普通高中信息技术课程课标组和义务教育信息科技课程课标组核心专家。他们合作翻译的该套教材对我国信息科技课程建设有参考意义，对中小学信息科技课程教材和资源建设的作者有借鉴价值，可以作为一线教师的参考书，也可供青少年学生自学。

熊璋

2024年5月

译者序

2014年，我国启动了新一轮课程改革。2018年，普通高中课程标准（2017年版）正式发布。2022年4月，中小学新课程标准正式发布。新课程标准的发布，既是顺应智慧社会和数字经济的发展要求，也是建设新时代教育强国之必需。就信息技术而言，落实新课程标准是中小学教育贯彻“立德树人”根本目标、建设“人工智能强国”及实施“全民全社会数字素养与技能”教育的重要举措。

在新课程标准涉及的所有中小学课程中，信息技术（高中）及信息科技（小学、初中）课程的定位、目标、内容、教学模式及评价等方面的变化最大，涉及支撑平台、实验环境及教学资源等课程生态的建设最复杂，如何达成新课程标准的设计目标成为未来几年我国教育面临的重大挑战。

事实上，从全球教育视野看也存在类似的挑战。从2014年开始，世界主要发达国家围绕信息技术课程（及类似课程）的更新及改革都做了大量的尝试，其很多经验值得借鉴。此次引进翻译的《牛津给孩子的信息科技通识课》就是一套成熟的且具有较大影响的教材。该套教材于2014年首次出版，后根据英国课程纲要的更新，又进行了多次修订，旨在帮助全球范围内各个国家和背景的青少年学生提升数字化能力，既可以满足普通学生的计算机学习需求，也能够为优秀学生提供足够的挑战性知识内容。全球任何国家、任何水平的学生都可以随时采用该套教材进行学习，并获得即时的计算机能力提升。

该套教材采用螺旋式内容组织模式，不仅涵盖计算机软硬件及互联网等技术常识，也包括算法编程、人工智能及其在社会生活中的应用等前沿话题。教材强调培养学生的技术责任、数字素养和计算思维，完整体现了英国中小学信息技术教育的最新理念。在实践层面，教材设计了适合中小学生的编程活动及多媒体使用任务，还以模拟食品店等形式让孩子们亲身体验数据应用管理和尊重知识产权等问题，实现了从传授信息知识到提升信息素养的跨越。

该套教材所提倡的核心观念与我国信息技术课标的要求十分契合，课程内容设置符合我国信息技术课标对课程效果的总目标，有助于信息技术类课程的生态建设，培养具有科学精神的创新型人才。

他山之石，可以攻玉。此次引进的《牛津给孩子的信息科技通识课》为我国5～14岁的学生学习信息技术、提高计算思维提供了优秀教材，也为我国中小学信息技术教育提供了借鉴和参考。

在本套教材中，重要的术语和主要的软件界面均采用英汉对照的双语方式呈现，读者扫描二维码就能看到中文界面，既方便学生学习信息技术，也帮助学生提升英语水平。

本套教材是5~14岁青少年学习、掌握信息科技技能和计算思维的优秀读物，既适合作为各类培训班的教材，也特别适合小读者自学。

本套教材由赵婴、樊磊、刘畅、郭嘉欣、刘桂伊翻译。书中如有不当之处，敬请读者批评指正。

译者

2024年5月

前言

向青少年学习者介绍计算思维

《牛津给孩子的信息科技通识课》是针对5~14岁学生的一个完整的计算思维训练大纲。遵循本系列课程的学习计划，教师可以帮助学生获得未来受教育所需的计算机使用技能及计算思维能力。

本书结构

本书共6单元，针对8~9岁学生。

1. 技术的本质：介绍微处理器及其在工作和家庭生活中的使用。
2. 数字素养：安全使用网络查找信息。
3. 计算思维：在程序中使用变量和条件结构。
4. 编程：使用不同输入、输出方法编写程序。
5. 多媒体：更改文档的外观。
6. 数字和数据：使用电子表格处理数据。

你会在每个单元中发现什么

- 简介：线下活动和课堂讨论帮助学生开始思考问题。
- 课程：6课程引导学生进行活动式学习。
- 测一测：测试和活动用于衡量学习水平。

你会在每课中发现什么

每课的内容都是独立的，但所有课程都有共同点：每节课的学习成果在课程开始时就已确定；学习内容既包括技能传授，也包括概念阐释。

活动 每课都包括一个学习活动。

额外挑战 让学有余力的学生得到拓展的活动。

再想一想 检测学生理解程度的测试题。

附加内容

你也会发现贯穿全书的如下内容：

词云图 词汇云聚焦本单元的关键术语，以扩充学生的词汇量。

创造力 对创造性和艺术性任务的建议。

探索更多 可以带出教室或带到家里的附加任务。

未来的数字公民 在生活中负责任地使用计算机的建议。

词汇表 关键术语在正文中首次出现时都显示为彩色，并在本书最后的词汇表中进行阐释。

评估学生成绩

每个单元最后的“测一测”部分用于对学生成绩进行评估。

- 进步：肯定并鼓励学习有困难但仍努力进取的学生。
- 达标：学生达到了课程方案为相应年龄组设定的标准。大多数学生都应该达到这个水平。
- 拓展：认可那些在知识技能和理解力方面均高于平均水平的学生。

测试题和活动按成绩等级进行颜色编码，即红色代表“进步”，绿色代表“达标”，蓝色代表“拓展”。自我评估有助于学生检验自己的进步。

软件使用

建议本书读者用Scratch进行编程。对于其他课程，教师可以使用任何合适的软件，例如Microsoft Office、谷歌Drive软件、LibreOffice、任意Web浏览器。

资源文件

你会在一些页看到这个符号，它代表其他辅助学习活动的可用资源。例如Scratch编程文件和可下载的图像。

可在清华大学出版社官方网站www.tup.tsinghua.edu.cn上下载这些文件。

目录

本书知识体系导读

牛津给孩子的信息科技通识课 4
适合8～9岁学生

1. 微处理器和计算机存储
   - 计算机的力量
   - 家用电器中的微处理器
   - 工作设备中的微处理器
   - 计算机存储
   - 如何使用和存储文件
   - 保存文件的小窍门
2. 使用网络搜索安全地查找信息
   - 万维网的概念
   - 网络搜索
   - 如何改进网络搜索
   - 浏览和使用书签
   - 如何辨别不良内容
   - 如何确保安全
3. 制作测验程序
   - 程序的输入部分
   - 在程序中使用变量
   - 程序的输出部分
   - 使用逻辑判断
   - 创建逻辑判断
   - 用 if 和 else编程
4. 制作游戏程序
   - 选择角色和背景
   - 如何控制角色的移动
   - 如何使用碰到检测器
   - 如何设置和改变变量值
   - 增添加新的程序想法
   - 设计游戏
5. 撰写和编辑文档
   - 建立新文档
   - 选择和更改文本
   - 增加标题和列表
   - 添加页眉和目录
   - 编辑文档
   - 完成文档
6. 使用电子表格处理数据
   - 数值和标签
   - 求和函数
   - 电子表格公式
   - 百分比
   - 饼图
   - 柱形图

本书使用说明

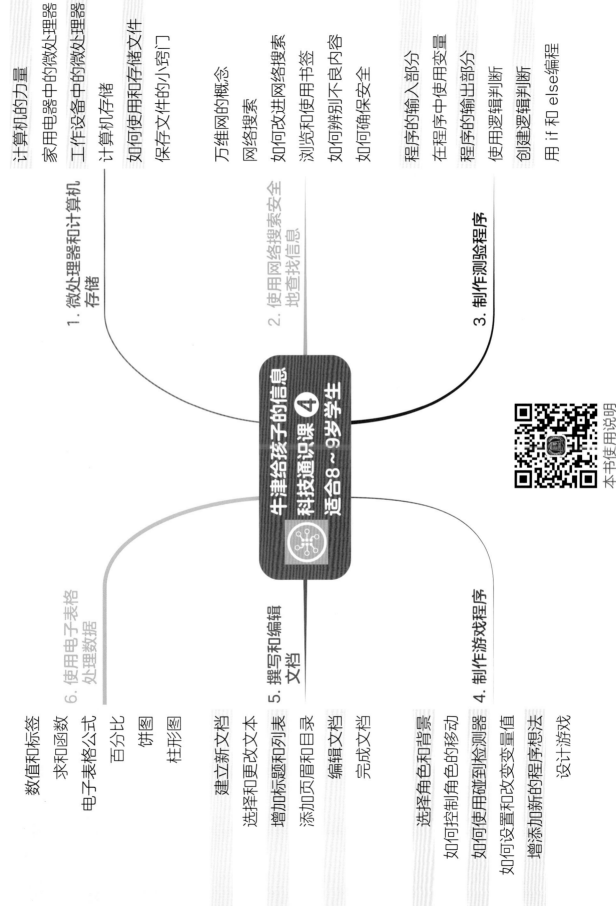

1 技术的本质：身边的计算机

你将学习：

- 计算机改善电视和汽车等设备的工作方式；
- 计算机和相关技术如何改善人们的工作方式；
- 计算机存储及其重要性。

计算机被用来改善家庭、工作场所和学校的设备的工作方式。电视、汽车、移动设备、智能手机和冰箱都是由计算机加强其功能的。计算机正在改变我们的生活方式。

谈一谈

如果明天所有的计算机都消失了……

- 在你的家庭生活中，你会怀念计算机的哪些方面？
- 你会怀念学校里的计算机吗？

学习成果：描述如何在工作中使用计算机；确定一系列包含计算机处理器（例如，嵌入式处理器）的现代化设备；描述什么是存储及其重要性。

课堂活动

列出你在家里和学校使用的计算机类型。例如，你会使用平板计算机吗？你会用不同类型的计算机做不同的事情吗？

微处理器
机器人　传感器
存储驱动器
数据文件　备份文件
闪存驱动器

未来的数字公民

计算机可以改善我们学习、工作和享受闲暇时间的方式。然而，并不是每个人都买得起计算机。一些慈善机构收集不再使用的计算机，提供给买不起计算机的人。你会捐赠一台不用的计算机吗？

你知道吗？

2015年，美国密歇根大学的科学家创造了世界上最小的计算机——密歇根微型粒子计算机。该计算机的尺寸为2mm×2mm×4mm。它比一粒米还小，被用于医疗植入物和无人驾驶汽车。

1.1 计算机的力量

本课中

你将学习：

- 计算机如何帮助我们工作；
- 微处理器对计算机有多重要；
- 微处理器小到可以用在其他设备上。

螺旋回顾

第3册中，你了解到有不同类型的计算机。台式计算机、笔记本计算机、平板计算机和智能手机都是不同类型的计算机。现在你将了解我们如何使用计算机来帮助我们学习、工作和享受闲暇时间。

计算机如何帮助我们工作

计算机帮助我们快速准确地工作。计算机是一个强大的工具，在家里和学校都可以使用计算机来帮助你做功课。你可以用计算机为一个项目调查信息。你可以使用文字处理软件来制作美观、易读的家庭作业。计算机使你可以很容易地修改文档。

你可以使用计算机与他人交流和分享想法，使用电子邮件与同学和老师分享你的文件。

计算机帮助人们工作。

- 人们使用文字处理器来**制作文档**，如报告、计划和给客户的信件等。电子表格可以显示一个企业赚了多少钱。有吸引力的演示文稿能给员工和客户提供信息。
- 计算机帮助人们找到他们工作**所需的信息**。计算机可以存储大量数据，可以快速找到信息。
- 计算机可以给客户和同事发送电子邮件和信息。语音和视频对话意味着人们可以在世界上任何地方**交流**。

计算机帮助我们快速准确地工作。计算机是一个强大的工具。

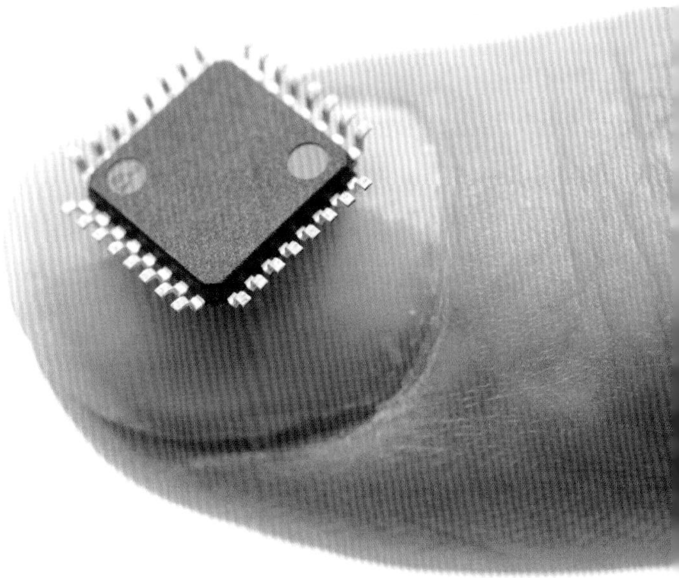

是什么让计算机如此强大

计算机里面有许多部件。计算机内部最重要的部分叫作微处理器。

微处理器是计算机的大脑。它完成计算机内部所有重要的工作。每当你使用计算机时，你在屏幕上看到的或通过扬声器听到的一切都是由微处理器产生的。微处理器很小，可以放在你的手指夹上。

你还能在哪里找到微处理器

微处理器不仅仅用于计算机，它们无处不在！微处理器小到几乎可以装入任何设备或机器。微处理器在家庭中用于电视等设备。微处理器在工作场所用于**机器人**和其他机器。微处理器使设备更加强大和易于使用。

活动

列出你在家里或学校使用的计算机类型。在学校工作时，你更喜欢使用哪种类型的计算机？为什么？

再想一想

和一个正在工作的家庭成员谈谈。他们在工作中用计算机做什么？计算机如何让他们更容易地完成工作？

额外挑战

列出三种你使用计算机来帮助你做功课的方法。针对每一种方法，说说如果没有计算机你将如何完成工作。使用计算机如何让你更容易地做功课？

1.2 家庭中的微处理器

本课中

你将学习：

➔ 微处理器如何改善设备在家庭和汽车中的工作方式。

家用电器中的微处理器

电视

微处理器让我们可以暂停节目或录制节目，以便以后观看。电视有遥控器，可以换台和调节音量。有些电视可以用声音控制。这些功能由微处理器控制。

洗衣机

微处理器确保你洗衣服时不会损坏衣服。它们控制着洗衣服的时间，还控制着甩干机的速度。

冰箱

有时，带有微处理器的设备也连接到互联网。连接到互联网的设备是**智能设备**。如果食物过期，智能冰箱会提醒我们。当你在超市的时候，你可以用智能手机检查你的智能冰箱里还有什么食物。

家庭系统

微处理器用于家庭报警和供暖系统。传感器可以安装在房间里检测移动物。当有人进入房间时，微处理器利用传感器的信息发出警报或打开灯和暖气。

汽车中的微处理器

一辆现代汽车可以有多达60个**嵌入式微处理器**。每个微处理器都有专门的功能。例如，一个微处理器将管理汽车如何使用燃料，另一个微处理器将操作汽车收音机。

微处理器使汽车:

- 更容易驾驶。例如，卫星导航帮助司机到达他们想去的地方。
- 对于乘客来说更舒适。例如，车内的温度保持在适宜的水平。
- 更安全。例如，如果汽车离另一辆车太近，可以自动刹车。

活动

探索一下你家，列出你能找到的使用微处理器技术的物品。如果一个设备有一个像上页中洗衣机照片上的显示器，它就可能有一个嵌入式微处理器。

额外挑战

在互联网上搜索，找到更多关于智能冰箱的信息，列出智能冰箱能做的事情。

探索更多

从你制作的活动列表中选择一个设备，和父母或祖父母谈谈这个设备。它比他们过去使用的类似设备更好吗？与你的父母或祖父母和你一样大的时候相比，技术发生了怎样的变化？

1.3 工作中的微处理器

本课中

你将学习：

→ 使用微处理器如何改善人们的工作方式。

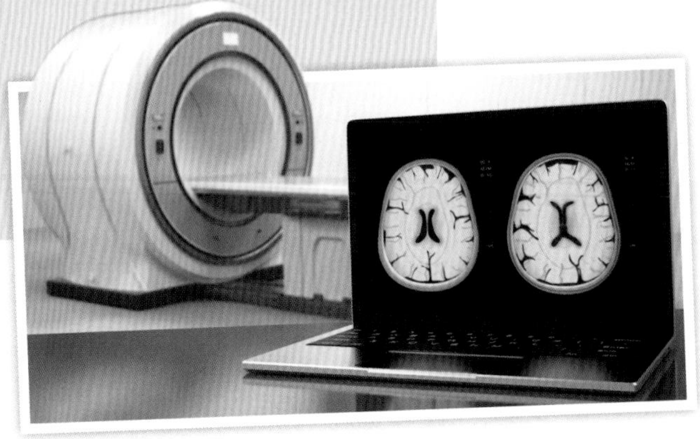

医疗

医生用装备微处理器的机器来诊断疾病。两个重要的机器是磁共振成像（MRI）[①]仪和计算机轴向断层扫描（CAT）[②]仪。磁共振成像和计算机断层扫描可以绘制出病人身体内部的3D图像。医生可以用这幅图来发现问题。

技术还可以帮助患者治疗后恢复。患者监测系统检查病人的血压、体温和脉搏。如果病人需要关注，护士会得到早期预警。

成为一名医生是一件非常复杂的事情，医生必须掌握与很多疾病相关的知识。医生利用互联网进行研究，他们还利用互联网联系专家，有时这些专家在另一个国家工作。

制造业

一家现代化的汽车厂技术含量很高。机器人被用来组装汽车。汽车自动从工厂的一个地方移到另一个地方。在每一站，机器人针对汽车的一部分进行工作。机器人完成以前由工人来做的工作。

机器人被用来制造许多其他商品。它们用于简单的重复性工作。机器人还被用来完成对人类有危险的工作。例如，警方使用机器人检查可能含有爆炸物的包裹。

① MRI通常称为核磁共振。

② 计算机断层扫描通常称为CT。

零售业

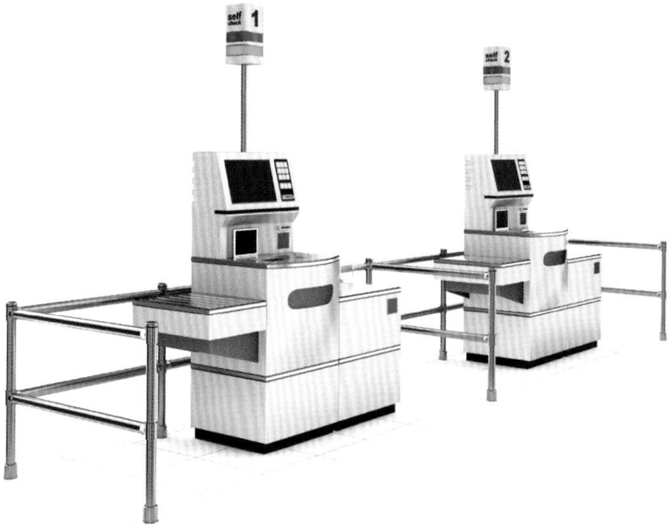

超市和其他大型商店也依赖科学技术。在超市结账时，商品是用条形码阅读器扫描的，这将为客户创建一个详细的收据。超市利用在收银台收集的信息来决定它们需要从供应商那里订购什么物品。

顾客用借记卡和信用卡支付购物费用，钱会自动从顾客转到商店。

现在很多人使用互联网来购物，网上的订单由计算机系统快速处理，货物通常在订单生成后的当天就发出。一些人担心网络购物会对城镇中心的商店产生影响。

活动

以小组的形式采访你的老师，了解使用科技如何改善他们的工作。在你开始采访之前，先一起列出三个问题。

额外挑战

过去由人类完成的工作正在被自动化和机器人取代。和你的同学和家人谈谈，自动化有什么好处和坏处？

再想一想

你认为老师可以被机器人取代吗？给出你的答案和理由。你觉得坐机器人驾驶的公共汽车上学怎么样？

1.4 计算机存储

本课中

你将学习：

- 关于计算机存储；
- 计算机存储是计算机系统的重要组成部分；
- 为什么计算机存储很重要。

数据文件

计算机上可以创建和使用不同类型的媒体。计算机上使用的媒体类型包括：

- 文本文档（例如，家庭作业或任务）；
- 图片和照片；
- 视频；
- 音乐。

计算机上使用的所有类型的媒体都存储在文件中。存储在计算机上的文件称为**数据文件**。

计算机存储器

当你在计算机上创建工作时，正确地保存它是非常重要的。保存在数据文件中的工作可以反复使用。如果你的工作没有被正确保存，它可能会丢失。

所有计算机都有存放数据文件的地方，它被称为计算机存储器。

数据文件存储的位置

计算机使用一种称为**存储驱动器**的设备来保存文件。每台计算机都有一个内置的存储驱动器，可以保存大量的信息。

例如，台式计算机中使用的存储驱动器可以存储：

- 150 000张照片；
- 8500小时的音乐；
- 300 000本书。

网络存储

你可能不会总是使用同一台计算机。如果你将工作文件保存到一台计算机的存储驱动器上，那么如果你使用另一台计算机，你将无法使用该文件。

学校和办公室的计算机通常是联网的。我们把一组相连的计算机称为**网络**。网络有自己的存储驱动器。每个使用网络的人在**网络存储驱动器**上都有一个可以保存工作的特殊区域。如果你把作业保存在学校的网络存储驱动器上，就可以在任何一台与学校网络相连的计算机上使用它。

闪存盘

闪存盘是一种小型的便携式存储设备。它足够小，可以放进你的口袋里，可以用来把文件从一台计算机转移到另一台计算机。将闪存盘插入计算机，以便将数据文件保存到闪存盘中。

活动

你怎么能用闪存盘把家庭作业从家里的计算机转移到学校的计算机中呢？把你的答案按步骤列出来。

额外挑战

你已经知道了一个普通的存储驱动器可以存放8500小时的音乐。播放这么多的音乐作品需要多少天？（提示：一天有24小时）

再想一想

工作文件保存不当会有哪些问题？

1.5 如何使用和存储文件

本课中

你将学习：

- 如何使用文件和文件夹；
- 如何存储文件。

中文界面图

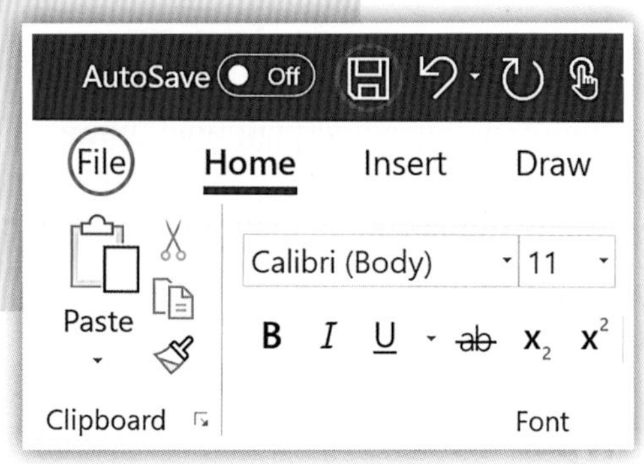

使用和存储文件

如何存储文件

如果你使用的是文字处理器之类的应用程序，则有两种保存文件的方法。你可以使用File（文件）菜单或单击Save（保存）图标。如果你的文件已经有一个名称，它将以相同的名称保存。如果是新创建的文件，需要输入文件名后才能保存。在1.6课中，你将了解如何为你的文件选择一个好名字。

如何复制文件

你可以通过复制文件来减少丢失重要工作的风险，该副本称为**备份文件**。

- 在File Explorer（文件资源管理器）中找到该文件。
- 在文件上右击，然后从出现的菜单中选择Copy（复制）。
- 移动到要保存备份的文件夹，右击并从菜单中选择Paste（粘贴）。

如何查找文件

文件资源管理器提供的信息可以帮助你找到文件。下图显示了可以帮助你识别文件的文件列表及其信息。

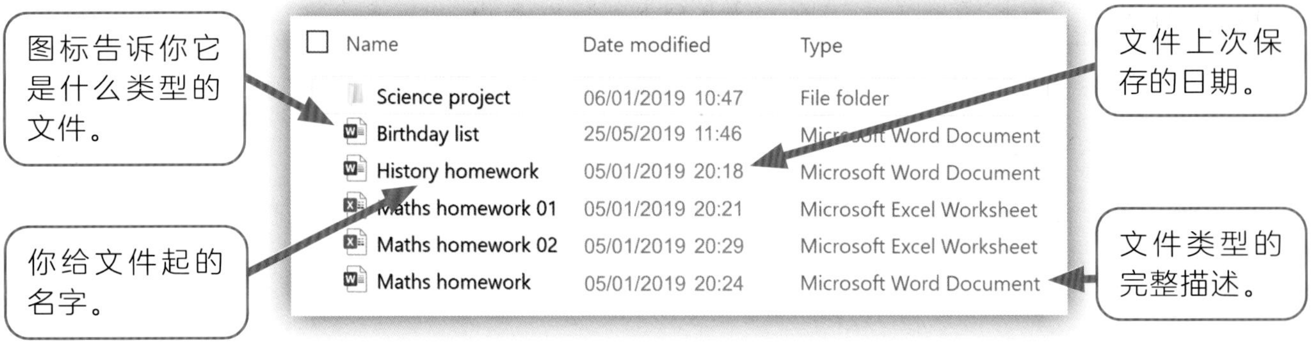

使用文件夹

文件夹可以帮助你组织你的工作。你可以根据主题或类型来组织你的工作。例如，你可以为计算相关工作建立一个文件夹。

在计算文件夹中，你可以建立包含不同类型工作的文件夹。例如，你可以为家庭作业、课堂笔记、项目和程序建立文件夹。

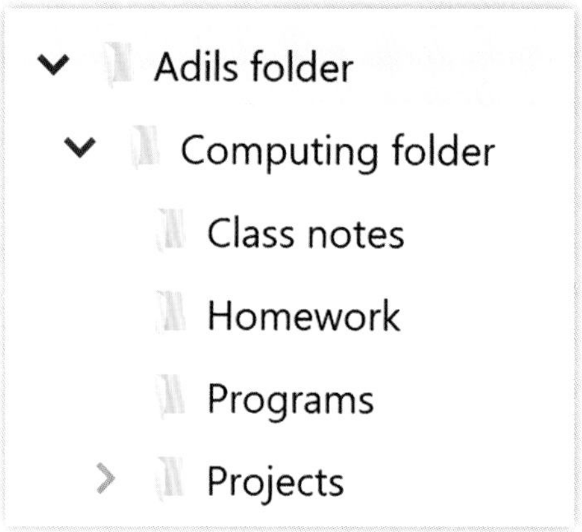

如何创建文件夹

在文件资源管理器中，按照以下步骤创建一个新文件夹。

1. 进入要添加新文件夹的区域。
2. 用鼠标右击。
3. 在弹出的菜单中选择New（新建），单击Folder（文件夹）。
4. 输入新建文件夹的名称。

活动

请看上一页底部的文件列表。萨妮正在搜索一个文件，她知道是她在2019年1月5日用Word创建的文件。列表中的哪些文件她可以忽略？对于每个忽略的文件，说明原因。

额外挑战

无论是学校还是家里的计算机上，在文件资源管理器中打开你的工作区域，创建一个名为“备份”的文件夹，将文件复制到“备份”文件夹中。

再想一想

你在家里和学校是如何整理你的数据文件的？如何改进使用文件夹和文件名的方式？

1.6 保存文件的小窍门

本课中

你将学习：

- 为什么正确保存工作文件很重要；
- 一些规则帮助你正确保存你的工作文件。

为什么保存工作文件很重要

正确保存工作文件很重要，未能正确保存工作文件可能意味着：

- 你会失去这个工作文件，必须重新开始；
- 当你再次需要这个工作文件时，可能就找不到这个工作文件了。

帮助你保存文件的规则

规则1：使用一个有用的文件名

保存文件时，必须给它命名。选择能够描述文件中信息的名称。

实例：你刚刚完成了一个关于大型猫科动物的科学家庭作业。作业将于2020年4月24日上交。一个好的文件名如下：

- 科学_家庭作业_大型_猫科动物_4月24日

规则2：用文件夹组织你的工作文件

使用文件夹组织你的文件可以帮助你方便地找到你的工作文件。文件夹还允许你使用更短的文件名。你可以创建一个文件夹存放你所有的科学作业。现在你的大型猫科动物文件名称可以缩短为：

- 家庭作业_大型_猫科动物_4月24日

活动

目录结构中显示了一个名为“家庭作业”的文件夹。如果文件存储在该文件夹中，那么如何缩短文件名“家庭作业_大型_猫科动物_4月24日”呢？

规则3：经常保存你的工作文件

习惯定期和经常保存你的工作文件。不要等到你完成了一件工作后才保存它。在打字的间隙，你会停下来思考接下来要写什么。这就是保存工作文件的好时机。

规则4：注意不要覆盖文件

有时你会在屏幕上看到右图所示的警告。警告显示你将要替换先前保存的文件，你可能会失去重要的工作文件。如果你不确定要做什么，请取消保存并重新开始。如果问题持续，就向你的老师寻求帮助。

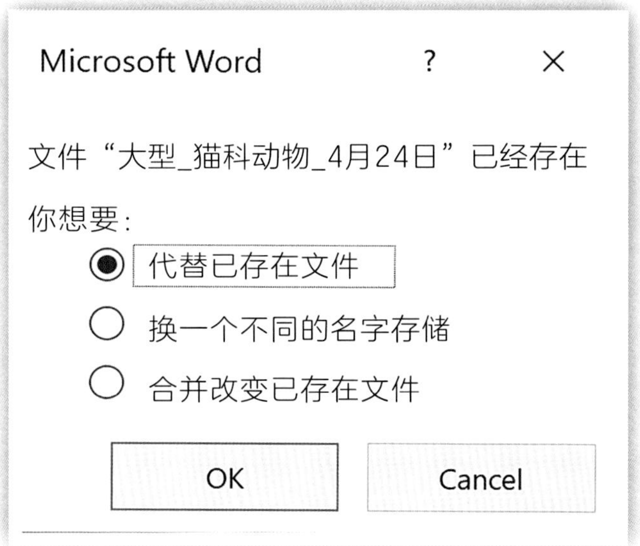

规则5：复制重要的文件

有时，如果你丢失了一个非常重要的文件，这将是一场灾难。例如，这可能是一个你花了很长时间才完成的重要项目。你可以通过复制文件减少丢失重要工作的风险。该副本称为备份文件。

活动

制作一份信息表，宣传保存文件的好方法。使用本课中的最佳实践规则来帮助你。

额外挑战

找一个小伙伴配对练习。你的小伙伴如何使用文件名和文件夹？就如何改进他的文件存储向你的小伙伴提出建议。

探索更多

在家里花些时间，和把工作文件存储在计算机上的家人一起聊一聊。他们如何组织他们的数据文件？你能提出改进他们组织文件的方法吗？你能从他们的工作方式中学到什么吗？

测一测

你已经学习了：

- 计算机改善电视和汽车等设备的工作方式；
- 计算机和技术如何改善人们的工作方式；
- 计算机存储及其重要性。

测试

1. 你刚刚在计算机上完成了一个项目，列出安全保存文件所采取的步骤。
2. 你会发现平板计算机里面有一个微处理器。微处理器是做什么的？请说出另外两种包含微处理器的计算机。
3. 说出一些机器人制造的产品。
4. 为什么定期保存你的计算机工作很重要？
5. 列出家用和工作中使用微处理器的两种设备。
6. 列出计算机和微处理器帮助医生工作的三种方式。
7. 有几种方法可以在家里保存工作文件，以便以后在学校使用？列举尽可能多的方法。哪种方法最好？为什么？
8. 说出一个使用嵌入式微处理器的家用设备。它是如何让设备更好地工作的？
9. 微处理器是如何用于帮助人驾驶汽车的？

活动

这是一个小组活动。在你的小组里做以下事情。

1. 讨论你的老师是如何使用计算机和相关技术完成他们的工作的。

2. 写两三个问题，问你的老师计算机技术是如何帮助他们完成工作的。

3. 采访你的老师，自己做笔记，说明计算机如何帮助老师。

自我评估

- 我回答了测试题1～测试题3。
- 我完成了活动1。我讨论了教师如何使用计算机和技术。
- 我回答了测试题1～测试题6。
- 我完成了活动1和活动2。我写了一些关于计算机技术的问题去问我的老师。
- 我回答了所有的测试题。
- 我完成了所有的活动。

重读单元中你觉得不确定的部分，再试一次这些测试和活动，这次你能做得更多吗?

2 数字素养：使用万维网

你将学习：

- 如何使用网络搜索查找信息；
- 如何发现互联网和万维网上不合适的内容和行为；
- 如果你看到令你不安的内容或行为，如何报告你的担忧。

我们每天都在使用信息。我们用它来学习，完成我们的工作，享受我们的空闲时间。万维网是一个巨大的信息源。在本单元你将学习如何搜索万维网，找到你需要的信息。你将学习如何安全地使用万维网。

谈一谈

- 对于互联网，你喜欢什么？
- 对于互联网，你不喜欢什么？

学习成果：使用网络搜索查找信息；描述如何发现不合适的网络内容和行为；描述几种你可以报告你的担忧的方式。

课堂活动

谈谈你是如何使用互联网的。列一个清单，说说你遇到下列情况时如何应对：

- 我用互联网来娱乐；
- 我用互联网来帮助我完成学校的任务；
- 我被互联网弄得心烦意乱。

万维网　网页
网站　网页浏览器
搜索引擎　关键字
书签　菜单　链接

你知道吗？

全世界有超过40亿人使用互联网。这刚好超过世界总人口的一半。

截至2020年，谷歌搜索引擎每天要回答约70亿个问题。当你读这段文字的时候，谷歌已经回答了大约50万个问题。

2.1 关于万维网

本课中

你将学习：

➔ 关于万维网。

螺旋回顾

第3册中，你学会了如何发送和接收电子邮件。互联网可以用来发送电子邮件。在本单元，你将学习另一种互联网服务，这种服务被称为万维网。

什么是万维网

你可能使用过**万维网**。如果你没用过肯定也听说过它。万维网通常被缩写成“www”或“web”（本单元我们称之为“web”）。web是一个巨大的信息来源。如果你以正确的方式使用它，它将帮助你在学校和在家学习。

什么是网页

网络上的信息在**网页**上。一个网页包含关于单个主题的信息。一个网页主题可能是关于你最喜欢的歌手或你在学校学习的主题。

一个网页可以包含文本、图像、视频、声音和动画。这些不同类型的信息被称为**媒体**。网页通常包含多种媒体格式，例如文本和图像。我们说网页是**多媒体**的。

什么是网页链接

每个网页都包含**网页链接**。一个网络链接可以是一个单词、一张图片或一个按钮。单击一个网络链接就会转到另一个网页。网络链接是网络的特殊之处。你可以通过链接找到新的信息。

什么是网站

网页被放在一个**网站**上，就像一本书的页面一样。网站可以属于个人或组织。政府拥有自己的网站。报纸和电视频道拥有自己的网站。任何人都可以拥有网站。

浏览网页

当你使用网络时，你可以去一个你喜欢的网站，浏览该网站上的网页。有时你可能会从一个网站转到另一个网站来寻找你感兴趣的信息，这叫作**浏览**。我们将在2.4课中更详细地讨论。

什么是网络浏览器

你使用一个特殊的应用程序来浏览互联网，该应用程序被称为**网络浏览器**。流行的网络浏览器包括谷歌、火狐和Edge浏览器。

你知道吗？

蒂姆·伯纳斯-李是一位英国计算机科学家。他在1990年发明了万维网。他把万维网形容为“所有梦想家的一课……你能够拥有梦想，而且，梦想能够实现”。

活动

以小组为单位做一份问卷调查，了解你们班使用互联网的目的。这里有一些建议：玩游戏，和朋友聊天，发电子邮件，看视频，做作业。

探索更多

如果有时间，请调查一下自己的家人。结果显示什么？

额外挑战

制作一张海报，名为“万维网指南”。你的海报应该解释人们需要知道的关于网络的主要术语（例如网站、网络浏览器）。尝试以一种有趣的方式呈现信息，这样人们就会记住这些术语的含义。

2.2 网络搜索

本课中

你将学习：

➔ 如何使用搜索引擎在万维网上进行基本搜索。

搜索引擎

在**搜索引擎**中输入问题是寻找信息的好方法。搜索引擎会查看你的问题，并为你提供一个网页列表。其中一些网页会包含你需要的信息。

网上搜索技巧

1. 使用简洁明了的问题

想想你要找的信息，确定**关键字**，并在搜索中使用它们。你应该能够用3到5个词找到信息。

网络搜索问题不像你在对话中提出的问题。

- 在对话中，你可能会问："女子100米世界纪录保持者是谁？"
- 在网上搜索时，你只需要使用关键词。在这个例子中，关键词是"世界纪录100米女子"。

活动

萨妮正在做一个关于大型猫科动物的项目。她正在研究美洲虎，想了解美洲虎的饮食和栖息地，写下四五个描述萨妮任务的关键词。我们已经附上了一些关键词的一个字母或几个字母来帮助你。

b___ c___	j_____	f_____	d_____	h_____

在网络搜索中尝试关键词，你能找到萨妮需要的信息吗？你用了多少个关键词？关键词的最佳组合是什么？

2. 考虑你的关键词的最佳顺序

最重要的关键词要放在首位。在这个例子中，美洲虎这个词应该出现在你搜索的开始。

3. 不要使用标点符号或简短、普通的单词

搜索问题不需要写完整。去掉逗号、句号和问号等标点符号。

你也可以省略简短的常用词，例如“和”“这个”“一个”。

活动

塞琳娜喜欢比萨。她想找到一份比萨的食谱在家做比萨。她最喜欢的比萨是玛格丽特比萨，但她想看看其他素食比萨的食谱。

她在搜索引擎中输入了“比萨”这个词。

如此操作后，看看塞琳娜得到了什么结果。你能帮她写一个搜索问题来找到她想要的信息吗？

再想一想

写下一个你不知道答案的问题。尤塞恩·博尔特赢得了多少枚奥运奖牌？或者中国有多少人？然后和同学交换你的问题。谁能先用搜索引擎找到答案？

额外挑战

在第一单元，你学习了汽车工厂使用机器人制造汽车，使用搜索引擎找一张机器人在汽车厂工作的照片。

2.3 完善网络搜索

本课中

你将学习：

➔ 如何改进基本的网络搜索。

在上一课中，你学习了如何使用关键词进行基本搜索。在本课中，你将学习如何使你的搜索更加有用。

从搜索中删除项

在上一课中，你帮助塞琳娜寻找素食比萨食谱。你可能使用过这样的搜索问题：

比萨 食谱 素食

你找到的网站会包括玛格丽特比萨的食谱。塞琳娜已经知道那种比萨了，所以这不是她想找的。可以使用减号（-）从搜索中删除玛格丽特，新的搜索是这样的：

比萨 食谱 素食-玛格丽特

活动

输入搜索字符串“比萨 食谱 素食”，看第一页的结果。现在输入“比萨 食谱 素食-玛格丽特”。搜索结果是否有一些改变？

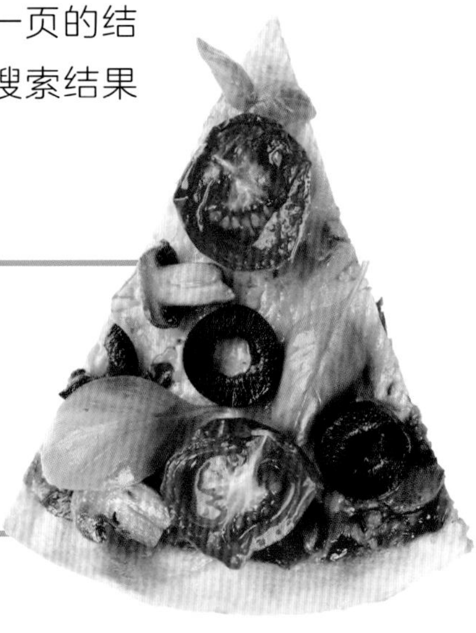

创造力

利用你的网络搜索技巧为你最喜欢的比萨制作一个广告。写一小段话告诉人们你的比萨有多好吃！

搜索书籍和音乐

你可以使用其他符号来改进你的搜索。两个常用的符号是引号（“”）和星号（*）。

如果你使用引号，搜索引擎将查找你输入的确切文本。如果你在搜索一本书或歌曲的标题，引号是非常有用的，例如“老虎来喝茶”。

如果你对歌曲或书名中的某个词不确定，可以使用星号。例如，如果你不确定书名*Where the Wild Things are*中的第三个单词，搜索时你可以输入“Where the * Things are”。

活动

搜索你最喜欢的书的书评，可以在书名上用引号。

使用星号来搜索你不确定完整书名的书。

额外挑战

用你的新技能来帮助你完成另一门学科的作业。

搜索图片和视频

输入搜索后，搜索引擎会将链接列表发送到浏览器。要查看与你的搜索匹配的图片和视频，单击搜索框下面的图片和视频链接。

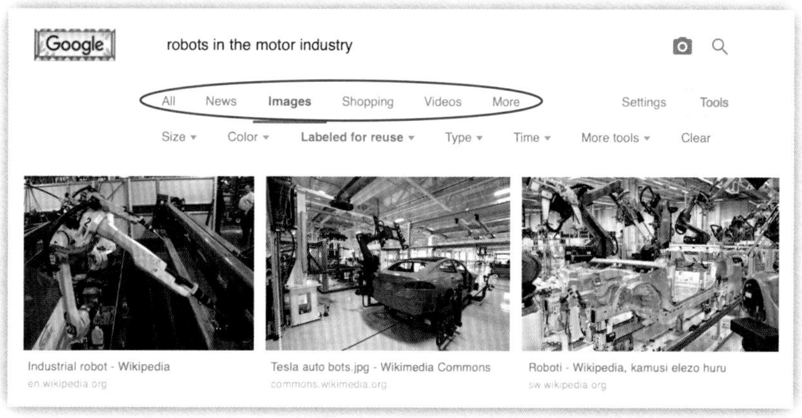

探索更多

你家里的其他成员使用互联网吗？你在这个单元学习了一些有用的搜索技巧。与你的家人分享，帮助他们使用互联网。

2.4 浏览和使用书签

本课中

你将学习：

➔ 如何找到一个网站；

➔ 如何使用书签，以便你可以轻松找到网站或网页。

找到一个网站

当你发现一个你感兴趣的网站，你可以开始浏览。你可以通过移动网站上的网页来浏览网站，不需要像看书那样一页一页地浏览一个网站。网站提供链接，带你找到你正在寻找的信息。

- **菜单**告诉你网站是如何划分的。菜单就像一本书的目录页，单击一个菜单标签，将带你到网站的不同部分。
- **链接**通常会把你带到网站的另一个页面。链接可以是文字，也可以是图片。
- **搜索**就像你一直使用的搜索引擎，但只搜索网站上的页面。

创造力

针对你最喜欢的网站写一篇评论。这个网站叫什么名字？是关于什么的？你喜欢这个网站的什么内容？针对这个网站你有什么想要改进的地方吗？与你的朋友分享你的评论。

书签

书签保存有用的网站和网页，可以使你很容易地再次找到它们。书签可以帮助你快速返回到一个网站。

在1.5课中，你学习了如何将文件保存到文件夹中。文件夹帮助你查找已保存的信息。

你可以将书签保存到文件夹中。例如，你可以为你学习的每一个科目设置一个书签文件夹。

活动

作为小组任务，使用你的网络搜索技巧找到一个网站，该网站有关于濒危动物知识的信息。使用菜单、链接和搜索按钮来查找不同濒危动物的信息。

选择一种濒危动物，制作一张关于它的海报，让人们意识到这种动物正处于危险之中。

再想一想

创建一个名为“计算机”的书签文件夹。当你学习这门课程时，可以把你找到的有用网站保存在文件夹中。

如果你想提高自己的网络搜索技能，就利用互联网去搜索更多学科的内容吧。

额外挑战

为你在活动中使用的网站创建书签。

2.5 如何辨别不良内容

本课中

你将学习：

- 当使用网络时，如何发现不合适的内容和行为；
- 如果某件事让你心烦或困惑，你该怎么做。

网络的好与坏

你可以利用网络找到信息帮助你完成作业和项目。网络也是一个你可以与朋友愉快交谈和分享消息的地方。你可以看电影、听音乐和玩游戏。

然而，网络也有不好的一面。你发现的一些信息可能是误导或不正确的，不能相信你在网上看到的所有信息。

保持警惕，负责任地行动，在需要的时候寻求帮助。如果你谨慎，你就可以享受在网上学习。

如何检查内容

是真的吗？

你每次上网都应该问这个问题。有时候，人们会把事实搞错。有时候，人们会故意误导你。这里有一些你可以检查的项目，以确保你的内容质量是好的。

- **你能核对一下事实吗？**在你使用一个网站之前，把你在这个网站上找到的信息和其他网站上找到的信息进行对比。
- **信息是什么时候编辑的？**检查你的信息是不是最新的。
- **网站上的信息你相信吗？**当你为网站添加书签时，你将开始建立一个你使用过多次并且信任的网站库。
- **这是事实还是观点？**观点有事实依据吗？

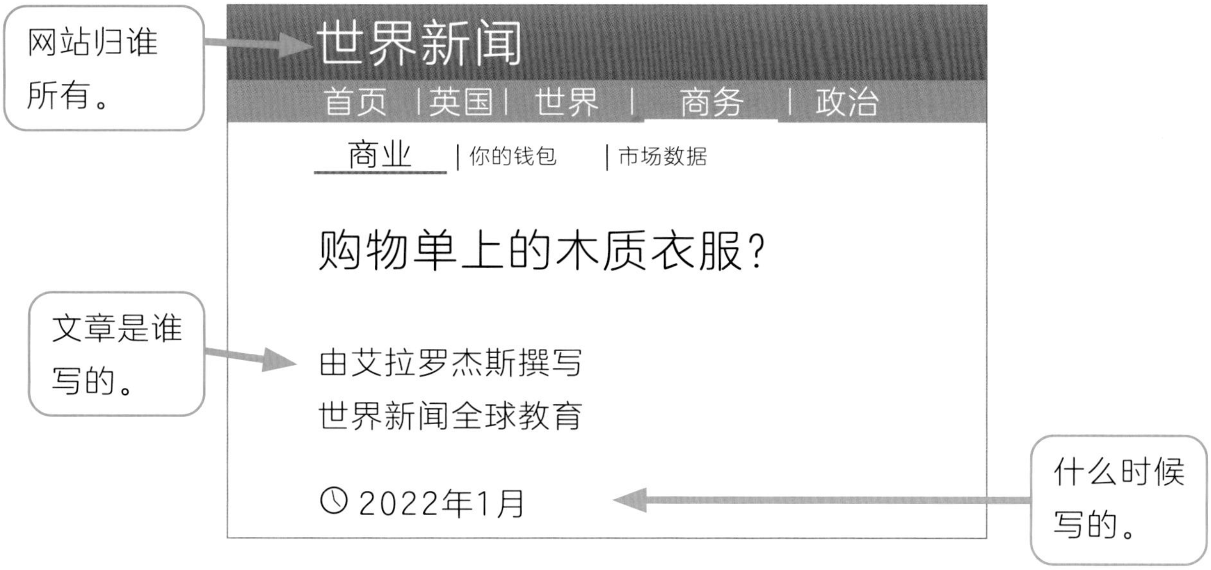

这会让你心烦吗

如果网上的一些东西让你心烦意乱或困惑：

- 关闭页面，不要再看它。
- 不展示或不发送给任何人。
- 告诉你信任的成年人，例如父母、家庭成员或老师。

报告一些让你心烦意乱的事情可能很困难，但这么做很重要。这么做可以帮助别人避免在未来感到沮丧，可以帮助你解决问题。这不是你的错。

活动

找到上一课濒危动物活动的网页。信息是什么时候写的？

额外挑战

重新访问你在本单元用过的网站。用“是真的吗？”这个问题检查其内容。然后针对你的发现写一份简短报告。

再想一想

专为年轻人设计的搜索引擎广告较少，并控制展示给你的内容。

搜索“儿童友好的搜索引擎”，然后从结果的第一页探索两个搜索引擎。

2.6 确保安全

本课中

你将学习：

➔ 如何安全地在网上与人交谈；

➔ 如何报告你在使用互联网时遇到的问题。

保持安全

- **聊天**　不要在网上与陌生人聊天。与你熟悉的人聊天更安全。与你在现实生活中认识的人聊天是最安全的。不要接受陌生人的加好友请求。如果有人给你发信息，让你觉得不舒服，你可以屏蔽他们。
- **分享**　不要与陌生人分享你的个人信息或照片。千万不要和陌生人分享你的地址或电话号码。
- **打开文件**　不要打开不认识的人发来的图片或其他文件。如果你收到来自陌生人的电子邮件，不要打开它。如果你有疑问，向你信任的成年人寻求帮助。
- **设置**　社交媒体和游戏网站允许你设置**隐私级别**。隐私级别可以让你决定谁可以看到你在网上分享的内容。如果你不确定如何使用隐私设置，请家人或老师帮助你。查看你的好友列表，确保不能误加陌生人。

友好和尊重

你在网上的行为方式很重要。与人交谈的方式要友好和尊重。在网上聊天，就像你在家或在教室里聊天一样。

如果你认识的人因为在网上看到的东西而感到不安或害怕，给予他们帮助，建议他们找一个**值得信任的大人**谈谈。

如果你看到朋友在网络上不负责任的行为，和他们分享你的安全知识。

报告问题

如果在网上有什么让你害怕或不安的事情，告诉成年人。一旦问题暴露出来，你就会感觉好一些。记住，你不会受责备，人们是想帮助你的。

- 告诉一个你信任的并且可以交流的家人。
- 和你信任的老师交谈。你的学校可能会有负责处理网络虐待和欺凌的老师。

写下发生的事情，这样当你和信任的成年人交谈时，你就能记住细节。

活动

阅读学校关于使用互联网的建议，确保你知道你的职责是什么，确保你知道如何报告问题。

额外挑战

列出学校规定你在使用计算机时不应该做的三件事。

列出你在学校使用计算机时应该做的三件事。

再想一想

如果你在网上看到或读到的东西让你感到不安或害怕，你会怎么做？想想你信任的成年人是谁。如果需要，你会与学校和家里的哪个人交谈呢？你管理你的隐私设置时需要帮助吗？做一个操作清单。

测一测

你已经学习了：

- 如何使用网络搜索查找信息；
- 如何发现互联网和万维网上不合适的内容和行为；
- 如果你看到令你不安的内容或行为，你会如何报告你的担忧。

测试

1. 网页浏览器的用途是什么？
2. 为什么要检查网站上的信息是什么时候写的？
3. 如果你对在网上看到的或读到的内容感到不安，你应该找谁倾诉？
4. 欢欢正在研究一个地理项目。她需要找出除了欧洲的河流外，世界上最长的河流是什么。写一个搜索问题，为欢欢寻找信息。
5. 你如何检查在网页上读到的一个事件是真的？
6. 列出4件你可以做的事情来保持网上安全。
7. 书签是什么，是用来做什么的？
8. 列出3件你可以做的事来检查你在网站上找到的信息是否可靠。
9. 如果有人在网上给你发了令人不安的信息，你应该采取什么措施？

活动

1. 上网搜索关于如何在互联网上保证安全的信息。你可以在一些保护少年儿童安全上网的网站上寻找建议。

2. 使用搜索技巧从其他网站找些建议，标记最好的几个放在名为“在线安全”的文件夹中。

3. 使用你研究的信息和本单元的信息来创建一个信息表。列张表来帮助你学校的孩子在互联网上保证安全。

自我评估

- 我回答了测试题1～测试题3。
- 我单击了活动1中的链接，并阅读了关于保证安全的建议。
- 我回答了测试题1～测试题6。
- 我完成了活动1和活动2。我从不同的网站上找到相同主题的信息，并把最好的信息进行了标记。
- 我回答了所有的测试题。
- 我完成了所有的活动。

重读单元中你觉得不确定的部分，再试一次测试题和活动，这次你能做得更多吗？

3 计算思维：制作测验程序

你将学习：

- ➔ 如何设计和编写一个能问问题并得到答案的程序。
- ➔ 如何设计和编写一个能使用变量存储值的程序。
- ➔ 如何设计和编写一个能使用测试来控制流程的程序。

在本单元中，你会创建一个能提问的程序。程序会检查答案是对还是错。计算机将输出一条信息，告诉你答案是否正确。你会了解如何存储值和使用逻辑测试来比较和检查答案。

谈一谈

有时你有课堂测验，你们老师批改试卷吗？计算机程序可以代替老师批改你的试卷吗？你喜欢让老师还是让计算机检查你的试卷呢？给出你选择的理由。

学习成果：设计并创建一个使用命名变量的程序；设计并创建一个使用条件结构的程序。

课堂活动

独立工作或与同伴合作，写一个有几个问题的测验，确保你记下每个问题的正确答案，挑战另一个组来回答你的问题。

变量　逻辑测试　if…else
关系运算符
条件结构
流程图　程序设计

你知道吗？

计算机可以提问并检查你给出的答案。一些计算机程序被用来帮助医生。他们询问病人一些有关健康的问题。从这些答案中，计算机通常能计算（判断）出病人得了什么病，这可以减轻过度劳累的医生的压力。然而，计算机并不总是能解决疑难的医学问题。

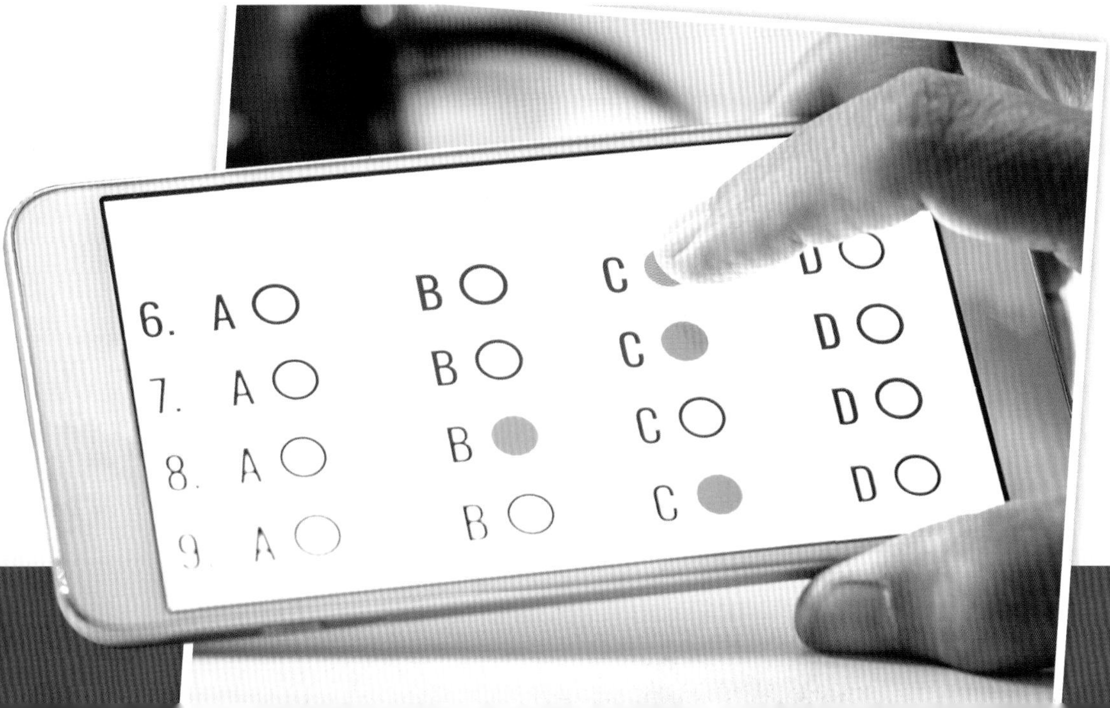

3.1 程序的输入部分

本课中

你将学习：

➔ 如何设计和创建一个能提问的程序。

中文界面图

螺旋回顾

在第3册中，你制作了一个程序来处理用户输入。在本课中，你将开始创建一个带有用户输入的程序。如果你在学习本课时需要帮助，请复习第3册的课程。

你将创建的程序

程序需求告诉你一个程序预期要做什么。下面是一个例子：

- 问用户一个测验题，告诉他们答案是否正确。

在本单元你将创建一个程序来满足这个要求。

设计程序

程序员在开始创建程序之前应先设计程序。这个设计方案帮助他们创建程序。

- 设计方案指导他们的工作。
- 他们可以对照设计方案检查他们完成的程序。
- 设计方案帮助他们与他人分享他们的想法。

设计测验程序

一个**程序设计**规定了程序的输入、过程和输出。下面是测验程序的设计。

- **输入**：问一个测验问题并得到答案。
- **过程**：检查答案是否正确。
- **输出**：告诉用户答案是否正确。

你将创建一个与这个设计相匹配的程序。在本课中，你将完成程序的输入部分。

使用Scratch语言

你将使用Scratch编程语言。登录Scratch网站：

https://scratch.mit.edu/

单击Create（创建）开始制作Scratch程序。如果你在屏幕上看到视频教程，你可以关闭它，或者观看视频来获得一些关于Scratch的技巧。

Scratch程序是由积木块组成的。把这些积木块组装在一起制作程序。程序控制角色。你看到的第一个角色是一只猫。你会让这只猫问问题。

输入

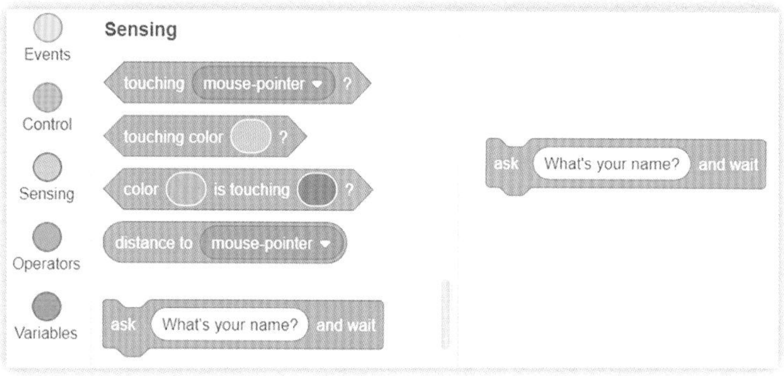

Scratch给了你一个积木块，让角色问问题。看看Scratch屏幕的左边，找到标记为Sensing（侦测）的浅蓝色的圆点，单击这个显示浅蓝色的Sensing积木块。

找到写着ask … and wait（询问并等待）的积木块，将这个积木块拖到脚本区域中，改变积木块中的内容，输入一个数学测验题。在这个例子中，问题是“19 + 4”，但是你可以用一些你喜欢的问题。

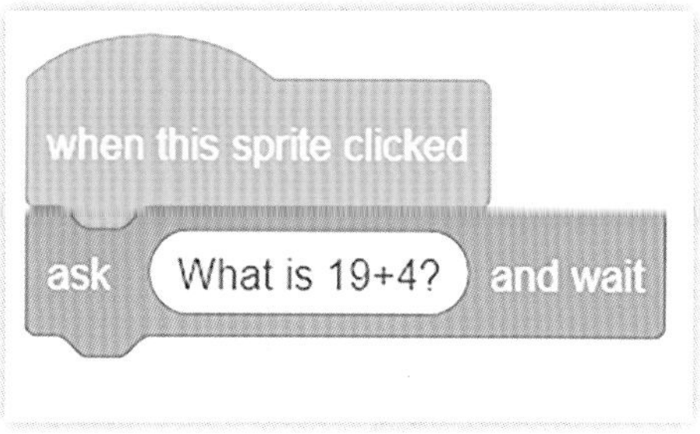

找到并单击标记Events（事件）的黄色圆点，Events积木块会告诉计算机何时运行程序，选择写着when this sprite clicked（当角色被点击）的积木块，将此积木块拖到脚本区域中，并将其放在问题块的上方。

当你单击猫的图片时，程序就会运行。

活动

启动Scratch。把正确的积木块组合在一起，然后输入你选择的问题。运行程序，确保它能工作。单击File（文件）菜单中的Save（保存）保存你的工作。

额外挑战

改变角色和背景设计，使程序更具个人特色。

再想一想

为什么在你开始编写程序之前制订计划是一个好主意？（答案在本课的某个地方。）

3.2 使用变量

本课中

你将学习：

➔ 如何在程序中使用变量。

中文界面图

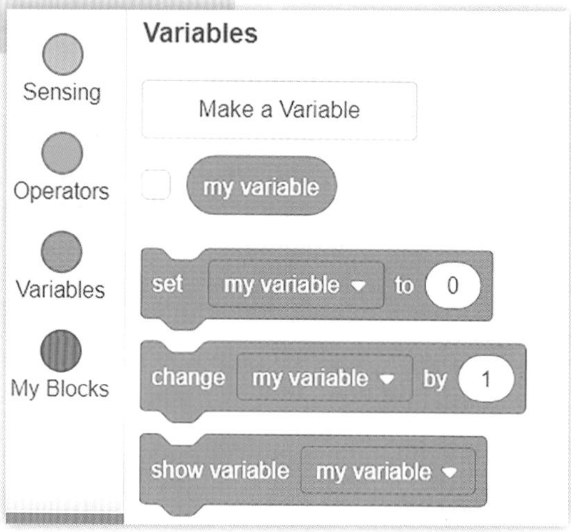

什么是变量

几乎所有的程序都使用**变量**。当你创建一个变量时，给它取个名字。程序命令给变量一个值，变量将存储这个值。

在这一课中，你将创建一个变量。该变量将存储测验问题的答案。

为变量选择一个名字来提醒你变量存储的值。在这个程序中，变量将存储测验问题的答案，因此变量命名为solution。

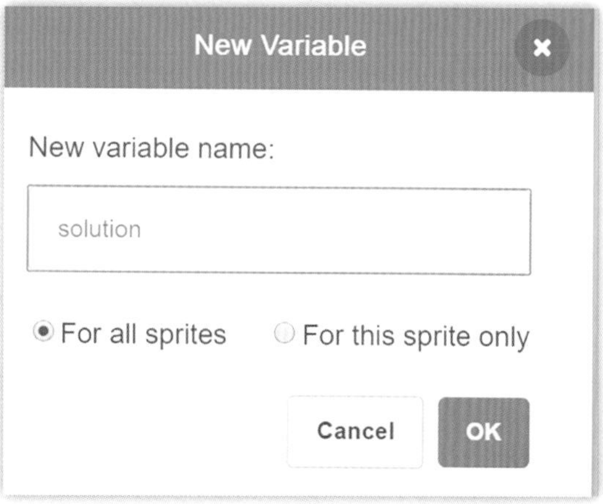

声明变量

单击标记为Variables（变量）的暗橙色圆点，你会看到帮你创建变量的积木块。

这里有一个现成的变量，它叫作my variable。你会做一个不同的变量。

单击Make a Variable（建立一个变量）方框。

输入solution并单击OK按钮。

你已经创建了一个叫作solution的新积木块，单击删除对勾，现在可以使用变量了。

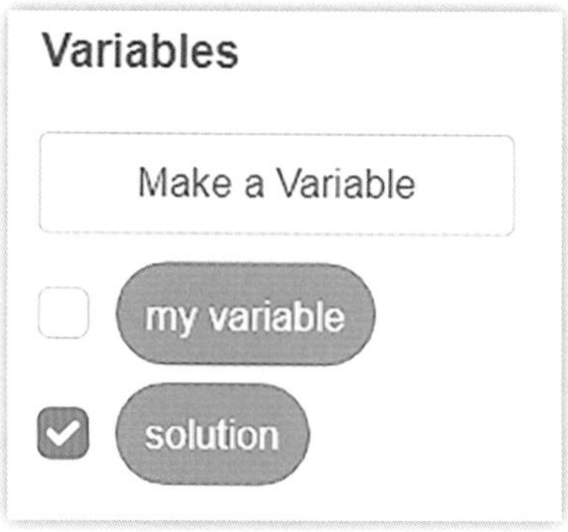

给变量赋一个值

你创建了一个名为solution的新变量，现在你要给它赋一个值。在我们的例子中，测验题是“What is 19+4?”（19 + 4等于几？），所以我们的变量的值是23。你必须根据你自己的问题选择一个值。

找到set…to…（将……设置为……）积木，将其拖到脚本区域。

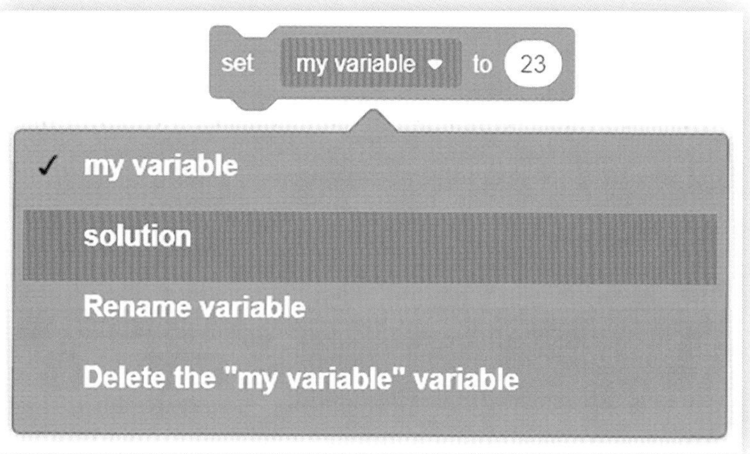

从下拉列表中选择变量solution，把变量的值放到set…to…积木块的空白处。现在将该积木块放入你的程序中，如右图所示。

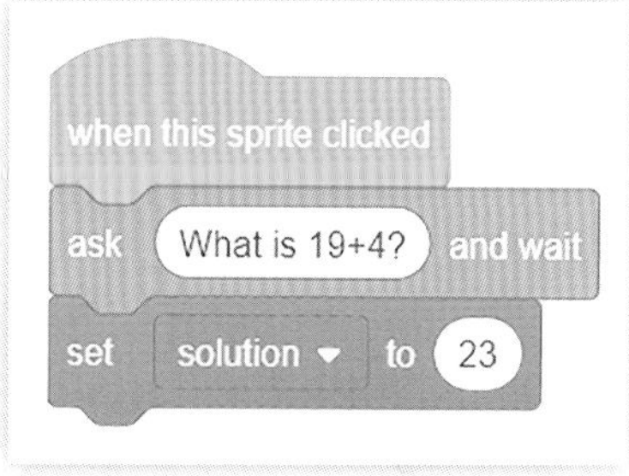

活动

创建你在本页上看到的程序，设置变量的值，它必须存储你的测验题的解。

额外挑战

在Looks部分中有一个积木块让角色说“Hello!”。将这个积木块添加到程序的末尾，改变程序，让角色说出解（即变量solution的值）。

再想一想

什么是好的变量名？

在Scratch中，有一个现成的变量叫作my variable（我的变量），这不是一个很好的变量名称，为什么呢？

3.3 程序的输出部分

本课中

你将学习：

➔ 如何创建一个带有输出的程序。

中文界面图

程序输出

在本课中，你将让角色说一个信息，该信息是**程序输出**。在Scratch中，单击标记为Looks（外观）的紫色圆点，你会看到Looks积木块。

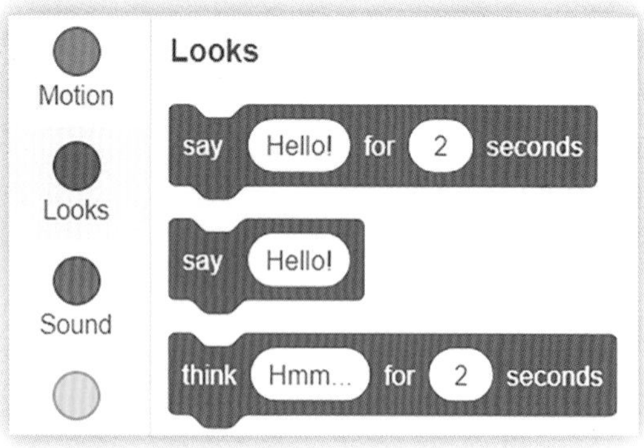

找到能让角色2秒后说“Hello!”的紫色积木块，将其拖到脚本区域，并将其放到程序中。

运行程序，角色会问问题。输入一个答案并单击对勾，角色会说“Hello!”。

输出解

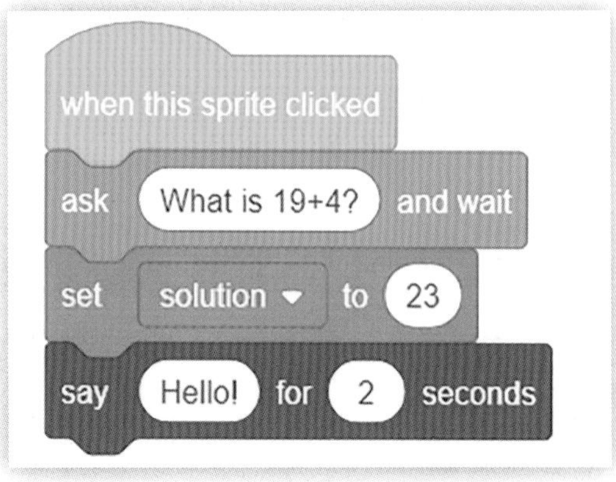

在上一课中，你设置了一个变量，这个变量叫作solution。这个变量存储一个值，现在让角色说出存储在该变量中的值。

单击标记为Variables（变量）的暗橙色圆点来查看变量。上一课中，在solution变量中存储了一个值，现在想让角色说出那个值。把solution积木块拖到say积木块中，它正适合这个位置。

使用运算符

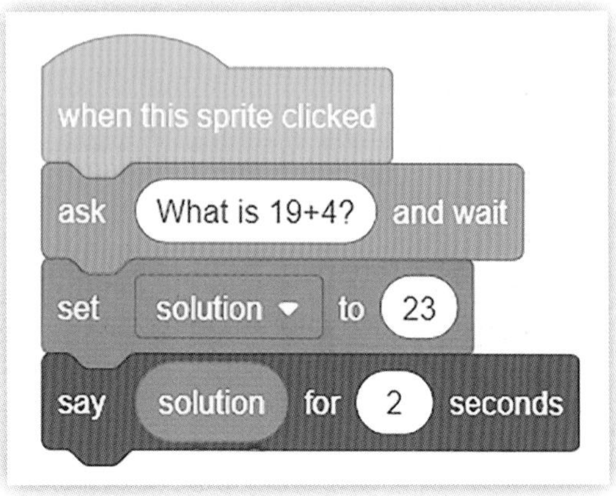

可以在程序中使用**运算符**。运算符对值进行处理生成程序输出。在Scratch中，运算符是绿色积木块，单击标有Operators（运算符）的绿色圆点可以看到这些积木块。

join（连接）运算符允许你将两个不同的输出连接在一起。它显示“连接苹果和香蕉”。然而，你不希望角色说“苹果和香蕉”，因此要改变。

将信息“the solution is”（答案是）写在前半个积木块中，确保在“is”后面有空格。把暗橙色的solution积木块放入另一半中。完成后的区块看起来是这样的:

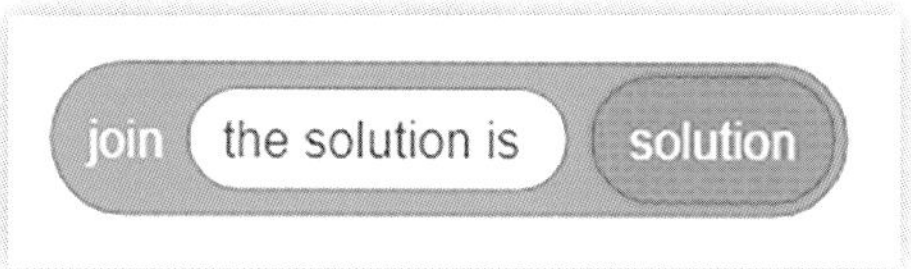

将join运算符放入say积木块中。

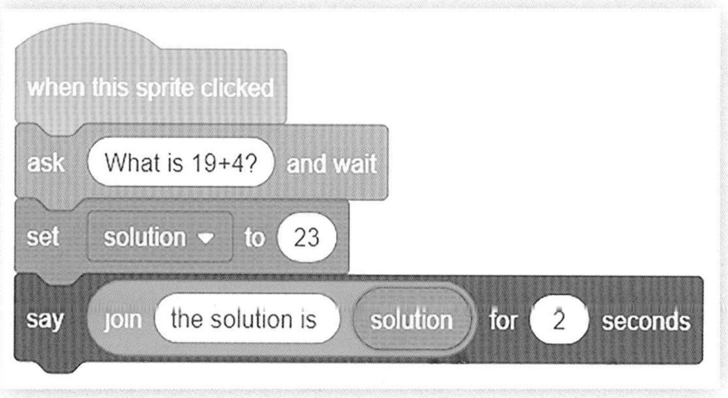

运行程序，看看输出是什么。

活动

创建本课中显示的程序，角色会告诉你测验题的解。

再想一想

用你自己的话解释一下join运算符的作用。

额外挑战

浅蓝色的Sensing积木块包括一个名为answer的积木块。这是一个存储答案的变量。添加一个额外的积木块表示用户的答案。

3.4 使用逻辑判断

本课中

你将学习：

➔ 如何设计一个使用逻辑测试的程序。

什么是关系运算符

请记住，程序使用运算符来处理值。在本课中，你将学习**关系运算符**。关系运算符用来比较两个值。

下表显示了三个常见的关系运算符。

运　算　符	意　　义
=	等于
>	大于
<	小于

逻辑测试

计算机程序通常包括**逻辑测试**。逻辑测试是一个答案为“True（真）”或“False（假）”的测试，可以通过使用关系运算符比较两个值来进行逻辑测试。例如，5 > 3表示“5比3大”，这个测试是真的。

那么，测试100 < 50是真的还是假的？

条件结构

逻辑测试是用来控制计算机做什么的。

- 如果测试为真，计算机做一件事。
- 如果测试为假，计算机做另一件不同的事。

这被称为**if结构**或**条件结构**。你的程序将使用条件结构，你会检测测验题的答案是否正确。

到目前为止的程序设计

这个表格显示了你到目前为止所完成的程序。

输入	问“What is 19+4?” 输入answer
过程	solution=23
输出	显示solution

现在，我们将扩展程序，加入逻辑测试。

输入	问“What is 19+4？” 输入answer
过程	solution=23 检验answer=solution
输出	如果正确显示You got it right!

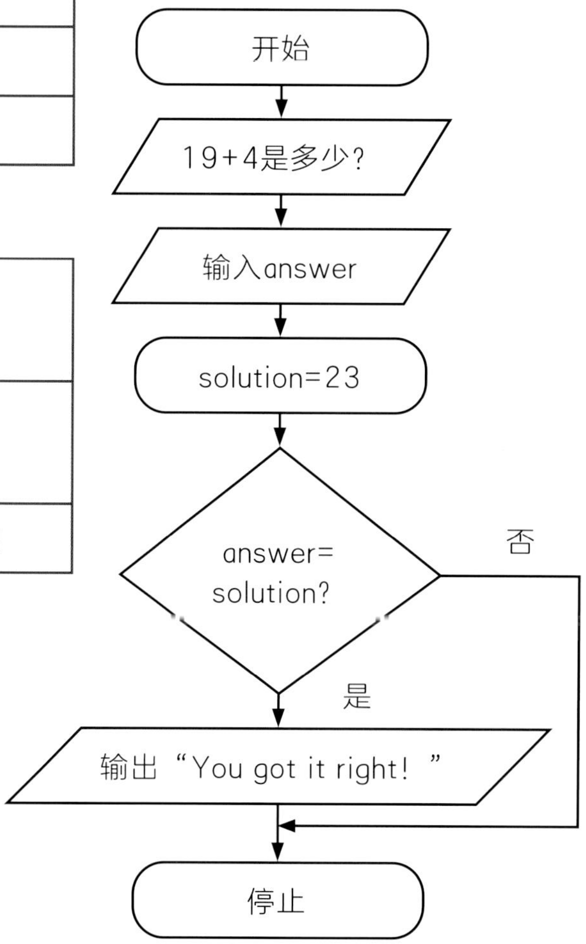

流程图

程序员有时会画一个图表来显示程序设计，这种图表叫作**流程图**。右图对应的是与程序设计相匹配的流程图。

活动

复制程序设计。在程序中使用自己设置的问题，而不是“What is 19+4?”。

额外挑战

重新绘制流程图。更改它，以显示你选择的问题和解。

再想一想

用什么形状的方框来表示逻辑测试？画出形状。

什么形状的方框用来显示输出？画出形状。

3.5 创建逻辑判断

本课中

你将学习：

➔ 如何创建一个使用逻辑判断的程序。

中文界面图

制订一个程序来匹配设计

在这节课中，你将创建一个程序来匹配你在上一课中所做的设计。你的程序将包括一个逻辑判断和一个条件结构。看看你以前做的程序，撤掉让角色说出答案的积木块。

条件结构（if…then）

单击标记着Control（控制）的浅橙色圆点，可以看到Control积木块。你会看到一个积木块，上面写着if…then，把那个积木块放到你的程序中。if积木块有两个特性：

- 顶部的空格用于逻辑判断；
- 内部的空白区域用于逻辑判断为真时的操作。

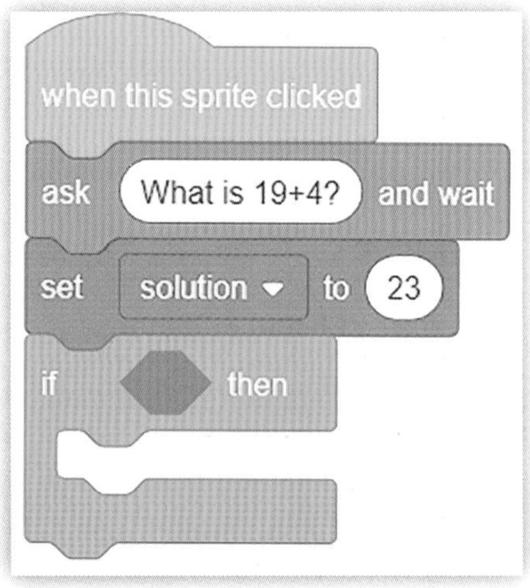

逻辑判断

现在你将进行逻辑判断，你将使用关系运算符。

单击标有Operators（运算符）的绿色圆点，可以看到绿色的运算积木块。关系运算符的两端形状是尖的，找到显示

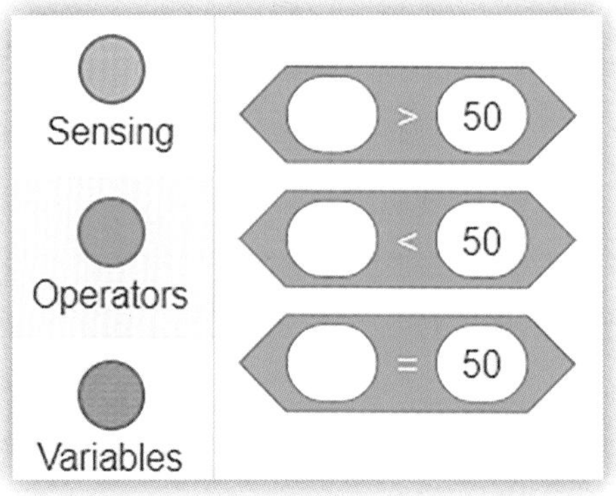

=（等号）的积木块，并将其拖到脚本区域。

这里有两个空格，可以放置两个值。你希望程序测试answer=solution（这意味着answer与solution的值是相同的）。

- 存储用户answer的积木块在Sensing部分（浅蓝色积木块）。
- 存储solution变量的积木块在Variables部分（暗橙色积木块）。

把这两个块放到等号积木块中，如右图所示。

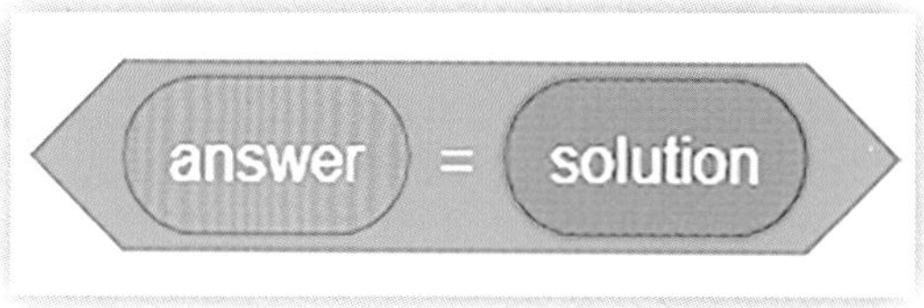

完成程序

把你做的逻辑判断放到if积木块中。它放在if积木块的顶部。if积木块顶部的空格与equal积木块的形状相同。当把if积木块放在正确的位置时，会出现一个白色的轮廓。

现在你需要让角色显示“You got it right!”（你答对了！）。找到say积木块（它是蓝色积木块之一），改变单词，让角色显示正确的单词，然后将其放入if积木块中。当你完成时，程序如右图所示。

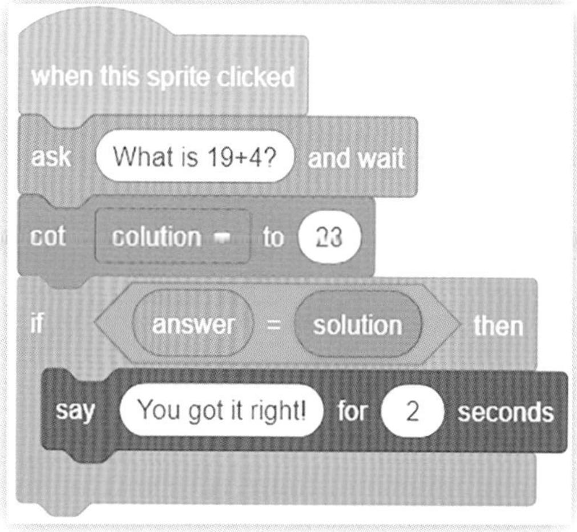

活动

制作本课的程序，运行程序检查它的工作，保存为下次做准备。

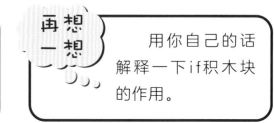

额外挑战

编写一个程序，其中有几个不同的角色会问不同的问题。

再想一想

用你自己的话解释一下if积木块的作用。

3.6 用 if 和 else编程

本课中

你将学习：

➔ 如何用if和else编写程序。

中文界面图

扩展程序设计

你制作的程序会告诉用户他们是否答对了问题。如果他们弄错了怎么办？

现在可以扩展程序设计以添加额外的消息。

输入	问“What is 19+4？” 输入answer
处理	solution=23 测试answer=solution
输出	如果正确显示“你答对了！” 如果错误显示“你错了！”

你能看出这个计划有什么不同吗？

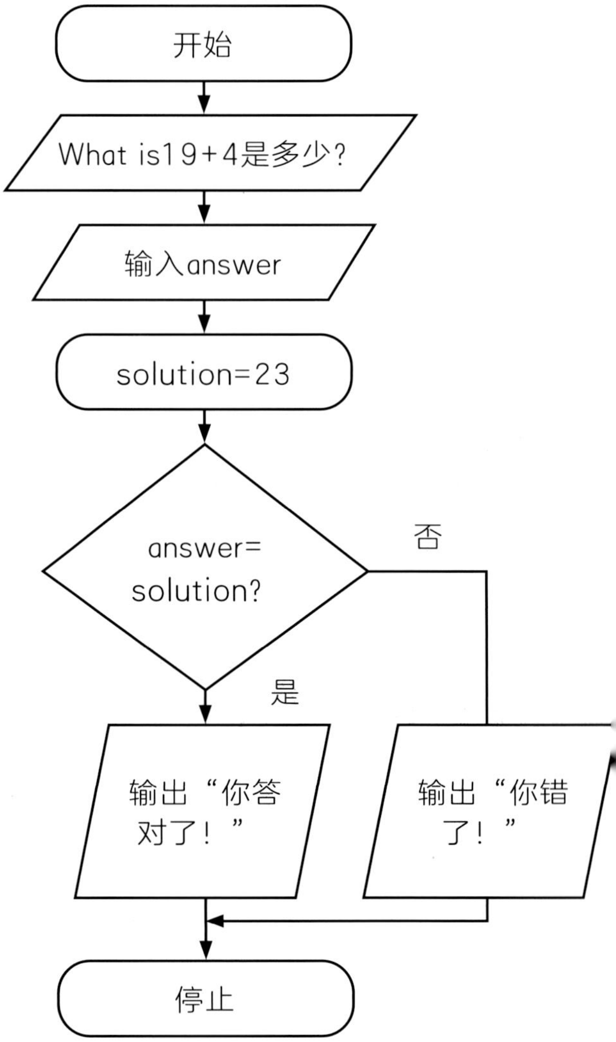

制作流程图

我们还可以将设计显示为流程图。

如果你从上沿箭头向下，就可以跟踪程序。有两种输出选择，计算机选择其中一个或另一个，选择基于逻辑测试的结果。

扩展程序

把if…then积木块从程序中去掉，用下一页顶部右上图中显示的if…else积木块替换它，把你上一课做的逻辑测试放到积木块顶部的空格中。

这是if…else积木块。它首先进行逻辑判断。但是里面有两个空。

- 如果判断为真，将执行上面空中的命令；
- 如果判断为假，将执行下面空中的命令。

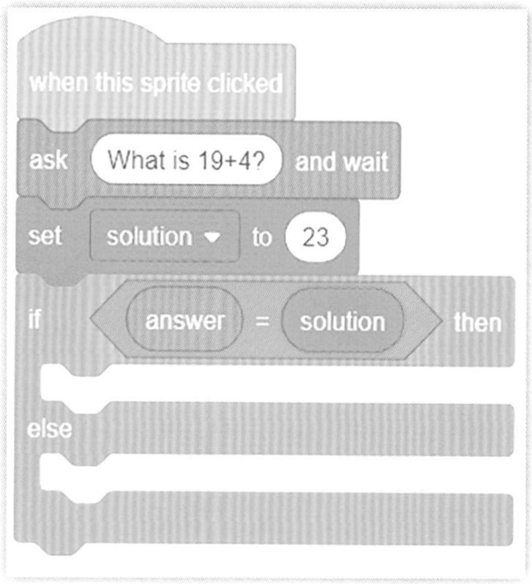

不同的输出

if…else积木块有两个空。在两个空中放置say积木块，让角色在答案正确或错误的情况下说出正确的信息。

所有积木块都已就位的完成程序如右下图所示。

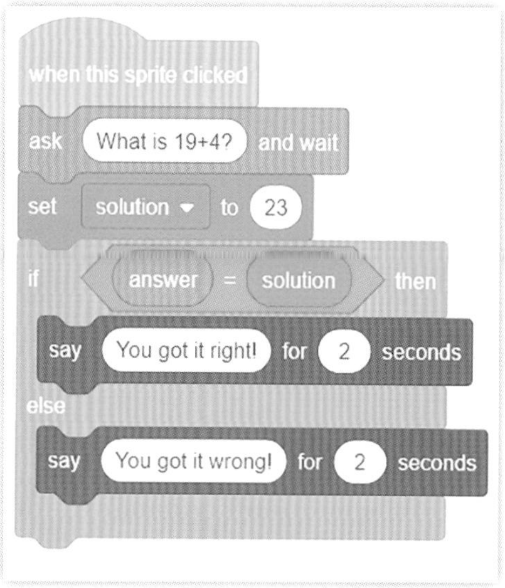

活动

制作一个类似于本课介绍的程序。角色应该问一个测试问题，并告诉你，你的答案是对的还是错的。

额外挑战

扩展程序，在第一个问题之后再问第二个问题。

探索更多

画一个彩色的大海报，显示扩展的流程图，或者你可以画出你完成的程序，在教室里展示你的设计和程序。

创意

制作一款带有彩色背景和许多角色的问答游戏。除了数学问题，想想有关你的爱好的问题。

测一测

你已经学习了：

- ➔ 如何设计和编写一个能问问题并得到答案的程序；
- ➔ 如何设计和编写一个能使用变量存储值的程序；
- ➔ 如何设计和编写一个能使用测试来控制程序操作的程序。

中文界面图

活动

1．游乐场游乐设施只适合6岁以上的儿童。下面是一个程序设计，但缺少逻辑判断。

输入	问“What is your age?”（你几岁了？） 输入answer值
处理	测试……
输出	如果测试正确，则显示You can go on the fairground ride（你可以去游乐场玩旋转木马）

通过填写处理行的其余部分来完成程序设计。说一下逻辑判断是什么。

2．右图是一个满足设计需求的程序。它不是完整的，编写一个程序实现程序设计。

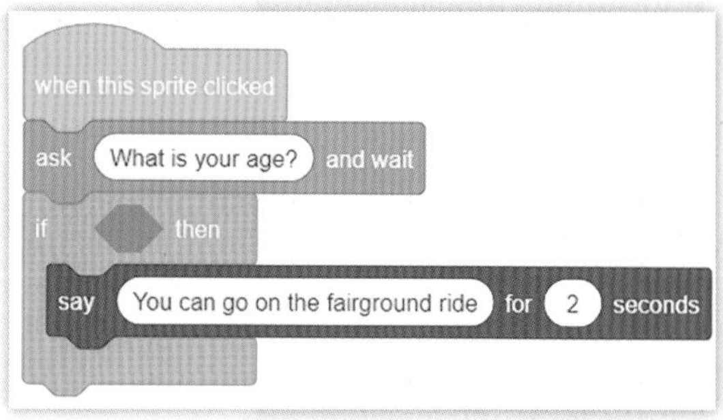

3．扩展程序，这样如果逻辑判断为假，角色就会发出合适的消息。

测试

下面是一个比较两个值的关系运算符。

❶ 这个测试可以为真或假。这种测试叫什么名字？

❷ 用你自己的话说一下这个测试的作用。

❸ 如果用户输入答案12，测试为真还是假？

❹ 你需要创建一个变量来存储用户的年龄。这个变量取个什么名字好呢？

自我评估

- 我回答了测试题1。
- 我完成了活动1，制作了一个有效的程序。
- 我回答了测试题1～测试题3。
- 我完成了活动1和活动2。我完成了程序设计，并编写了与方案相匹配的程序。
- 我回答了所有的测试题。
- 我完成了所有的活动。

重读单元中你觉得不确定的部分，再试一次测试题和活动，这次你能做得更多吗？

未来的数字公民

计算机只能使用确定正确或错误答案的测试。现实生活中的许多测试并没有这样简单的答案。例如，决定是否建造新房子或新医院。这样的问题需要人根据许多复杂的因素做出选择。

4 编程：制作游戏

你将学习：

- 如何使一个程序满足需求；
- 如何通过添加额外的功能改进一个程序；
- 如何通过程序的输入和输出创建有趣的用户体验。

在本单元中，你将使用Scratch制作一个计算机游戏。你编写的程序将有几个角色。每个**角色**将由不同的程序控制在屏幕上移动。

你将变得富有创造力。在单元结束时，你可以设计你自己的计算机游戏，甚至可以设计游戏中使用的声音和图片。

学习成果：编写一个程序来满足既定的目标；编写能实现不同类型的输入和输出的程序。

课堂活动

找一个小伙伴配对活动，想出一个可以用Scratch制作的计算机游戏的主意，向你的搭档描述一下。一起工作，绘制或画出你将在这个计算机游戏中使用的一些角色。

侦测积木块
克隆　上传

谈一谈

你最喜欢的计算机游戏是什么？怎样才能对它们进行改进呢？如果你能发明一种新的计算机游戏，你希望它有什么特点？

你知道吗？

《我的世界》是有史以来最畅销的游戏之一。这款游戏允许玩家在3D世界中使用砖块进行建造。游戏中的其他活动包括探索、收集、锻造和战斗。这款游戏在全球拥有超过9000万玩家。

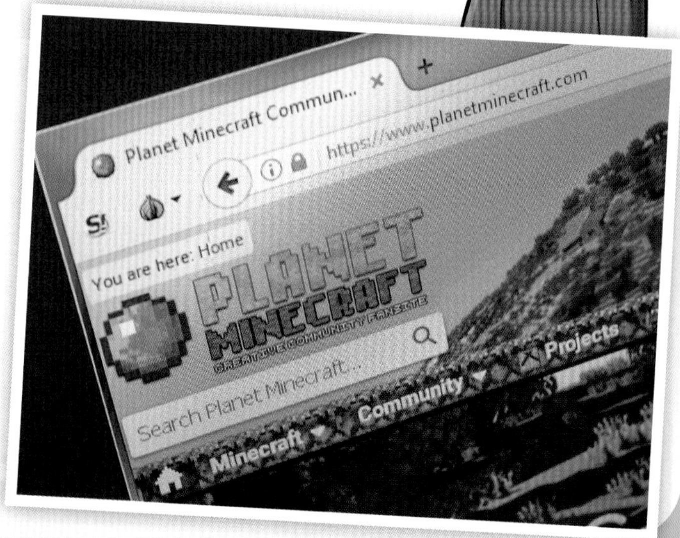

4.1 选择角色和背景

本课中

你将学习：

- ➔ 如何选择角色和背景；
- ➔ 如何设置初始值。

中文界面图

知识回顾

在第3册中，你制作了一个程序来控制角色的移动。在这节课中，你将使用这些技能来制作拥有许多移动角色的程序。

程序需求

在本单元中，你将使用Scratch制作一个太空游戏。以下是需求：

用户用鼠标控制宇宙飞船的移动。这艘宇宙飞船将躲避在太空中移动的恒星和行星。如果宇宙飞船碰到障碍物，它会发出警告的声音。

选择背景

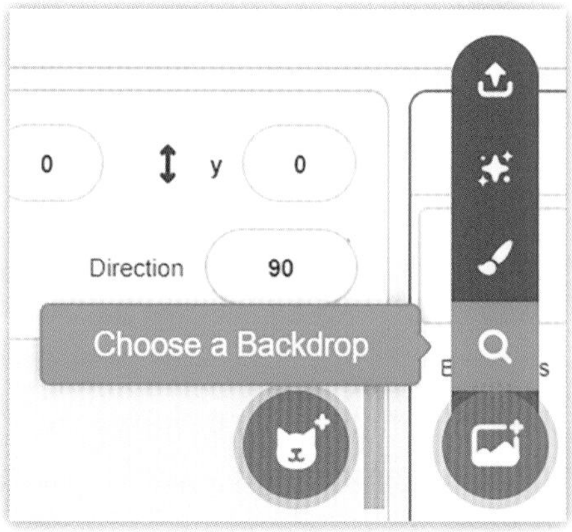

角色移动的区域被称为舞台。**背景**是舞台后面的一幅画。

确保你坐在计算机前。屏幕上应该打开Scratch编程窗口。单击新的背景图标，为游戏选择一个背景。背景图标位于屏幕的右下方。

屏幕出现一个选择界面。在这本书中，我们使用一个名为Galaxy（银河）的背景。你可以选择任何你喜欢的背景。

选择角色

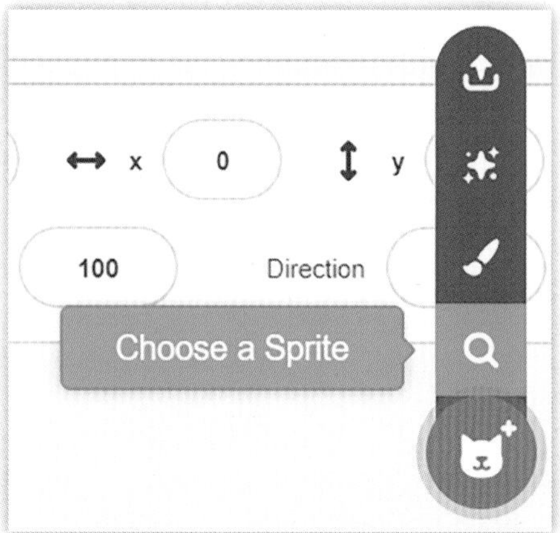

在屏幕的右下方也有角色。角色是一只猫。单击角色并通过单击它旁边的叉号（×）删除它。现在通过单击新的角色图标来选择一个新的角色。

屏幕出现一个选择界面。单击你想要使用的角色。你可以重复此操作向程序中添加更多的角色。

我们选择：

- Rocketship（宇宙飞船）；
- Star（恒星）；
- 一个行星(在列表中叫作Planet2)。

你可以选择任何你喜欢的角色。

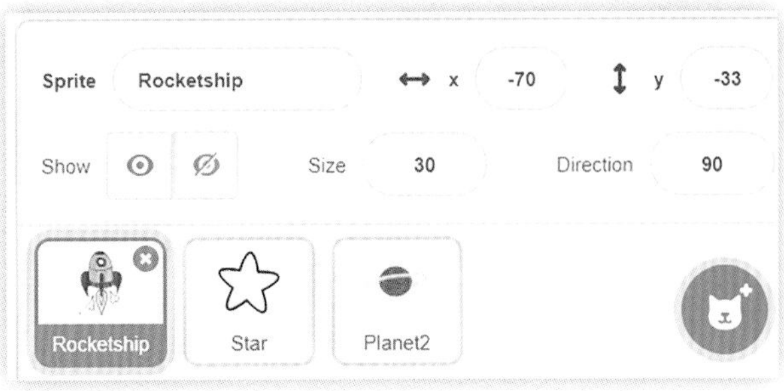

设置初始值

在舞台下方你会看到你所选择的角色。

在每个角色上是其设置值，你可以更改。我们认为宇宙飞船太大了。单击它并改变Size（大小）的值，从100变到40。你也可以拖动角色来确定它们在舞台上的位置。

你的舞台已经为游戏准备好了。

活动

准备你舞台中的背景和角色。至少调整其中一个角色的大小。

再想一想

看看程序需求，这个程序的输出是什么？

额外挑战

还有其他的角色设置吗？如果你改变它们会发生什么？

4.2 让角色动起来

本课中

你将学习：

- 用户如何控制角色的移动；
- 如何让角色自己移动。

中文界面图

规划角色移动

你必须创建一个这样的程序：

- 当用户单击绿色旗帜积木块时程序开始；
- 每个角色将移动到屏幕上的随机位置；
- 角色将永远移动（直到程序停止），所以你将使用forever（永久）循环。

编写宇宙飞船程序

飞船由用户控制。它将跟随鼠标指针移动。

选择Rocketship角色。以右图所示方式启动程序。

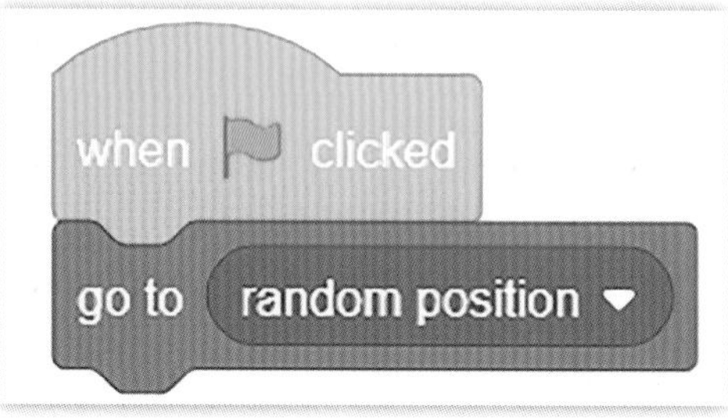

当单击绿色旗帜时，Rocketship角色将移动到一个随机位置。

然后添加一个forever循环。Rocketship角色将指向鼠标指针，然后它会移动10步。

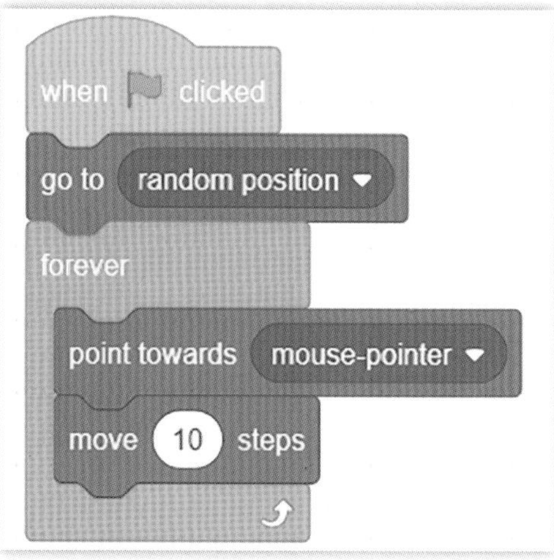

单击一下绿色旗帜，移动鼠标，飞船就会移动。

编写恒星程序

恒星会自己移动，它会从舞台边缘反弹回来。

选择Star角色，像这样启动程序。

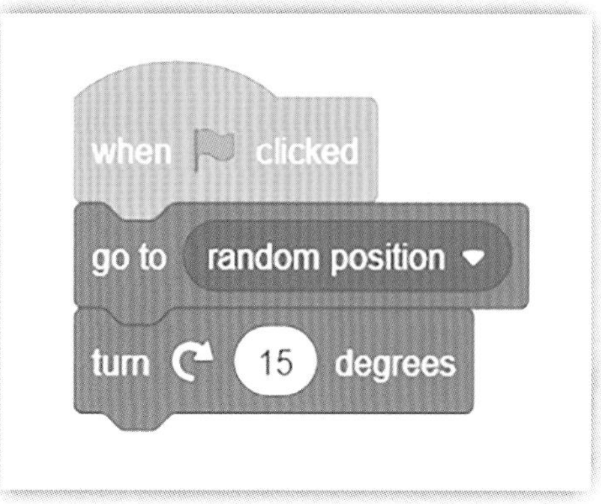

当单击绿色旗帜时，Star角色将移动到一个随机位置并转向。

然后添加一个forever循环，恒星会自己移动。如果它碰到舞台边缘，就会反弹回来。

单击绿色旗帜，现在宇宙飞船和恒星将会移动。

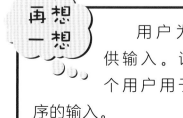

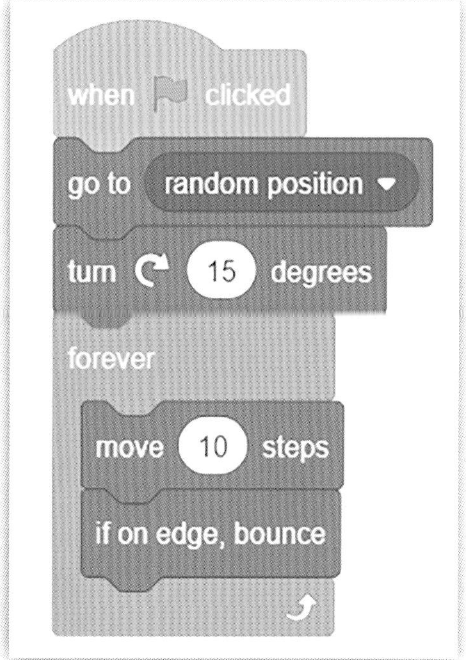

编写行星程序

选择行星（Planet2）角色，就像你为恒星做的程序一样编写行星程序，单击绿色旗帜，现在所有的角色都会移动。

慢下来！

每个角色都有一个显示move 10 steps（移动10步）的积木块。我们认为，如果你把这个数字改得更小一些，例如“3”，则游戏效果更好。然后所有的角色都会慢慢移动，它们就像飘浮在太空中一样。

活动

按照本页的说明让角色在屏幕上移动，单击绿色旗帜使程序运行，记住保存你的工作。

额外挑战

如果宇宙飞船比恒星和行星移动得慢，游戏就会变得更难。什么样的速度才会使游戏最有趣呢？写下你的发现。

再想一想

用户为程序提供输入。请说出一个用户用于控制程序的输入。

4.3 碰到检测器

本课中

中文界面图

你将学习：

- 如何创建一个能感知两个角色碰撞（碰撞到对方）的程序；
- 如何在程序中使用声音输出。

程序需求

正如我们在本单元第1课中看到的，程序需求是：

用户控制飞船的移动。这艘宇宙飞船将躲避在太空中移动的恒星和行星。如果宇宙飞船碰到障碍物，它会发出警告的声音。

现在你将扩展程序以满足这一需求的最后部分，即如果宇宙飞船碰到障碍物，它会发出声音。

逻辑测试

在上一单元中，你学习了使用if积木块。if积木块是从逻辑测试起始的。

你需要测试宇宙飞船角色是否接触到星星。Scratch有一个**侦测（Sensing）**积木块，可以帮助你。它可以判断飞船是否碰到了另一个角色。这就是你需要的。

单击标有Sensing的浅蓝色圆点，你会看到Sensing积木块。找到touching（碰到）检测器积木块，把它拖进宇宙飞船程序。

单击下拉菜单，设置它检测飞船是否碰到星星。

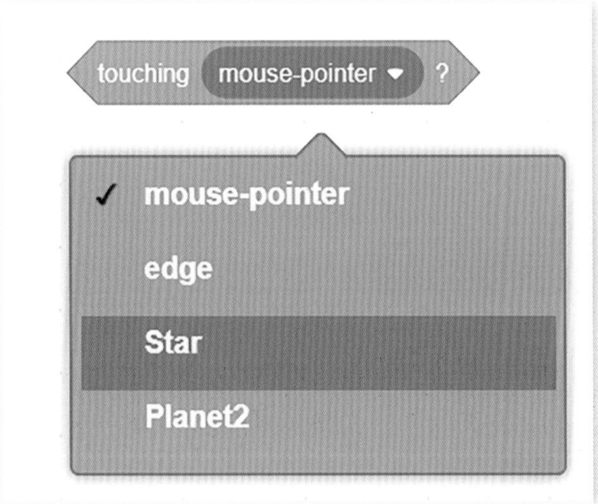

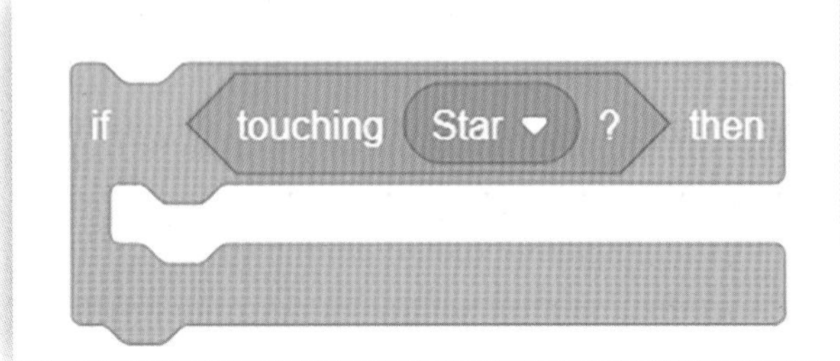

if积木块

你做了一个逻辑测试。现在将逻辑测试放入if积木块中。

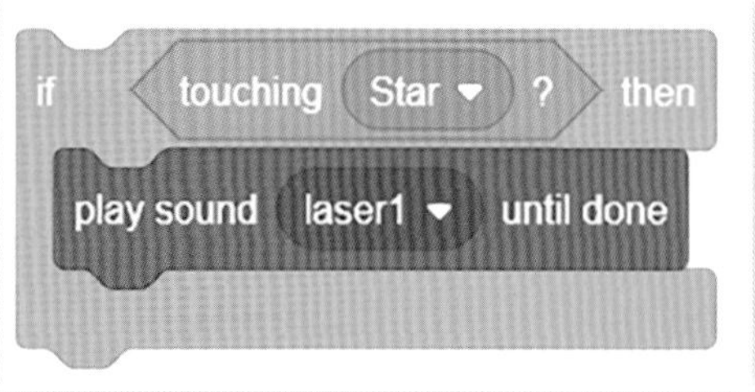

这个积木块有一个空。如果测试为真，则在此空中放置的任何命令都将被执行。

如果测试为真，那么我们希望飞船发出声音。单击紫色的Sound（声音）积木块，将play sound（播放声音）积木块拖到脚本区域，使用下拉菜单选择合适的声音。

现在你做了一个碰撞探测器程序。

永久重复

你希望碰撞探测器永久工作，因此将你创建的积木块放入forever循环中，完成的程序如右图所示。

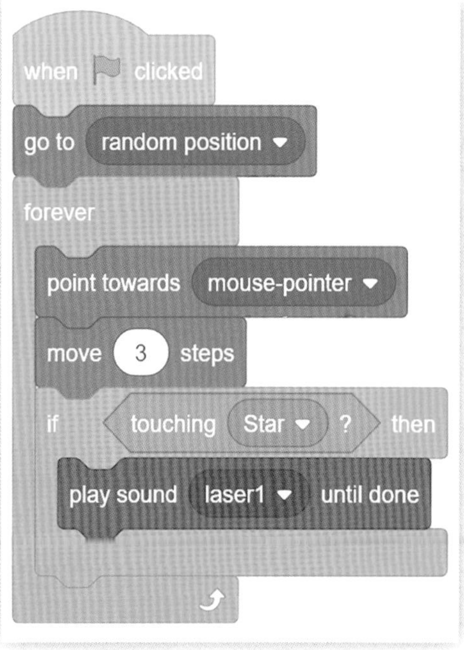

活动

制作并添加碰撞探测器，使飞船在撞击恒星时发出声音。运行程序并检查它是否工作。保存文件。

额外挑战

创建第二个碰撞探测器。如果宇宙飞船接触到行星，它会发出声音。将第二个积木块放入永久循环中。

再想一想

用你自己的话描述什么是条件结构，在程序中如何使用它？

未来的数字公民

计算机游戏应该用于教育吗？它们分散了学习的注意力吗？你也许有一天会成为父母，你会让你的孩子玩计算机游戏吗？

4.4 撞击分

本课中

你将学习：

➔ 如何设置和更改变量的值，并将其显示在屏幕上。

中文界面图

程序需求

在这节课中，你将扩展程序以满足一个新的需求：

宇宙飞船将有10个“撞击分”。宇宙飞船每碰到一个障碍物，就会失去一个撞击分。

增加分数会让游戏更有趣。

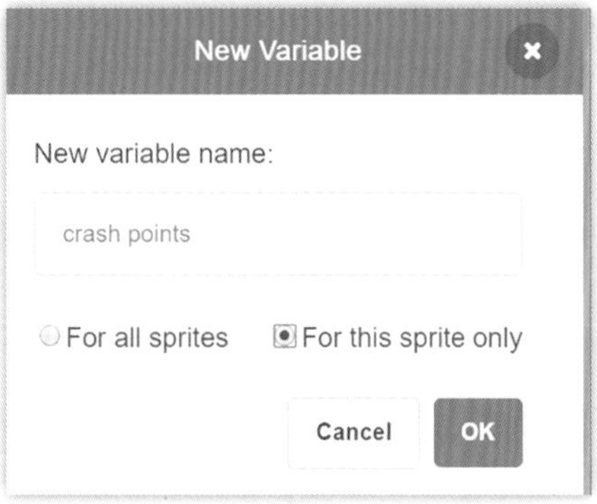

创建变量

变量存储一个值。变量的名称应该清楚地解释它所保存值的意义。在本例中，我们选择了crash points（撞击分）这个名称。你可以选择任何你希望的名称。

单击标记为Variables（变量）的暗橙色圆点，可以看到Variables积木块，在框中输入变量的名称。

只有宇宙飞船有撞击分。选择For this sprite only（只适用于这个角色）。

设置初始值

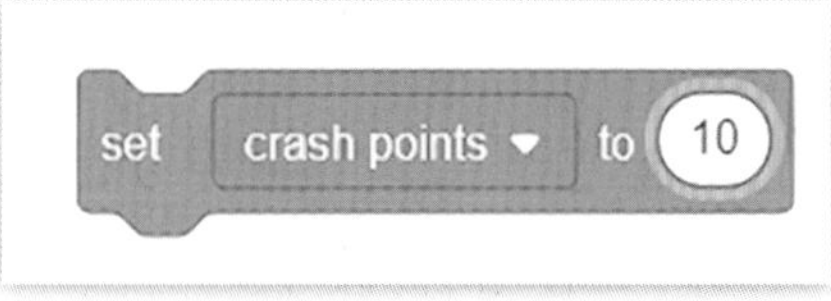

在游戏开始时，飞船有10个撞击分。找到显示set crash points to 0（将撞击分设置为0）的积木块，更改这个数字，使它将撞击分设置为10。

在程序开始的地方将此积木块放入程序中。这个积木块不应该进入到永久循环中，为什么呢？

改变变量值

如果宇宙飞船撞上一颗星星，撞击分将减少1。

找到使crash points变量减少1的积木块，将数字改为-1。

把这个积木块放入程序，它应该在if结构中。这是因为如果宇宙飞船撞上恒星，撞击分就会下降。

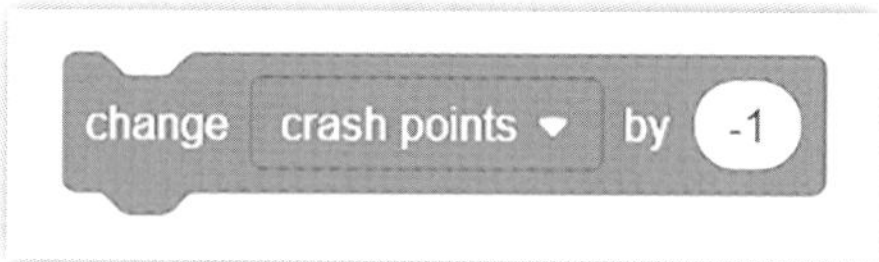

游戏完成

你已经创建了一款可以玩的游戏，自己试试吧。

活动

创建一个变量来存储撞击分。

设置初始值。

添加一个积木块，使宇宙飞船撞到星星时crash points变量减少1。

添加另一个积木块，使crash points变量在飞船撞击行星时减少。

探索更多

与朋友或家人一起玩宇宙飞船游戏，请他们就如何改进游戏提出建议，列出一个可能改进的清单。

额外挑战

添加一个额外的命令到程序中，使得：

- 如果飞船撞击星星，
- 它会跳到一个随机的位置。

现在添加相同的命令，如果飞船击中行星，它也跳到一个随机的位置。

4.5 增添新程序想法

本课中

你将学习：

➔ 如何开发新的程序代码，使游戏更有趣。

本页上有很多活动。你可以想做多少就做多少。

中文界面图

随机跳跃

一些学生已经玩了宇宙飞船游戏。当飞船撞上障碍物时，它们丢了很多点。这是因为它们闪躲得不够快。

下面的积木块使角色跳转到一个新的随机位置。

如果飞船击中恒星，你可以使用这个积木块让飞船跳跃。你会把积木块放到程序的什么地方来实现这一点？如果宇宙飞船撞到行星，你能使其做同样的改变吗？

得到宝藏

改变游戏，增加两个变量。

- 当飞船撞到**恒星**时，撞击分下降。
- 如果宇宙飞船击中**行星**，宝藏分上升。

创建一个名为treasure points（宝藏分）的新变量。

找到飞船撞到行星时使crash points下降1的积木块，对积木块进行修改。

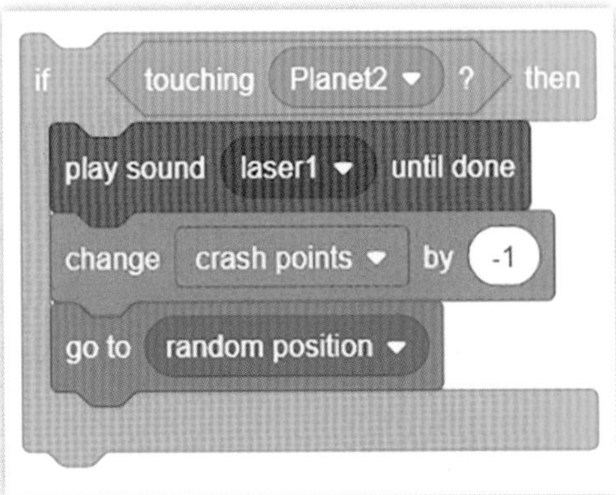

- 将crash points更改为treasure points。
- 将数字-1改为1。

运行游戏，看看有什么不同。

追逐行星

找到控制行星的程序，对程序做些改变，这样行星就会很小，移动得很快。

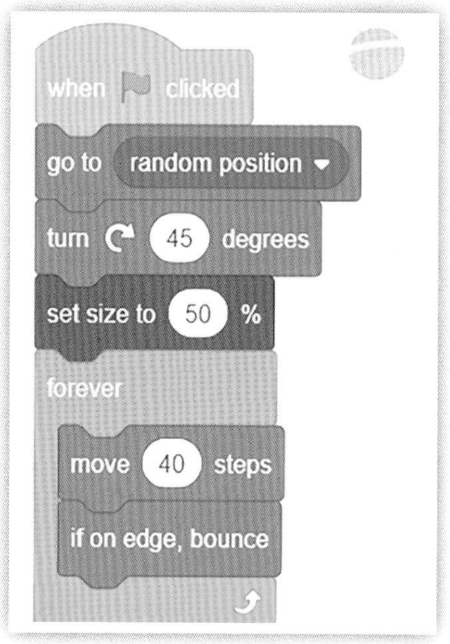

现在，当你玩游戏时，飞船将更难抓住行星。

创造更多的恒星

你可以让任何角色复制自己。**克隆**是一种精确的复制。

代码进入控制恒星角色的程序。

右下图中的代码意味着如果恒星被宇宙飞船击中，它会复制自己。把这段代码放在恒星程序中，很快屏幕上将出现更多的空间障碍。

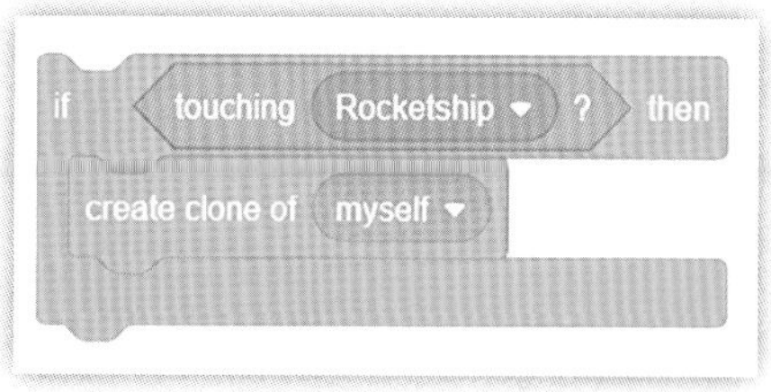

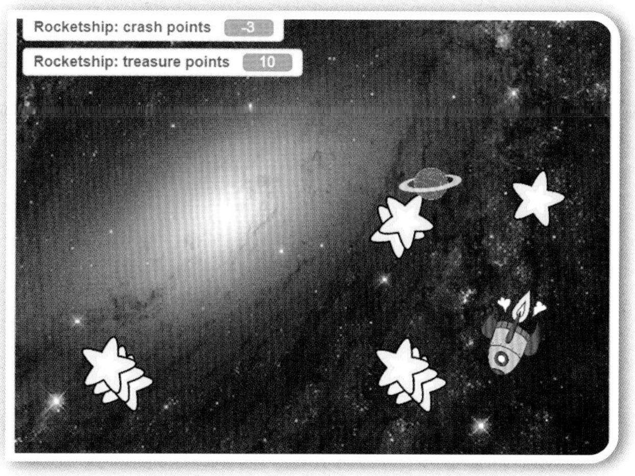

活动

本节课向你展示了可以添加到游戏中的额外功能，将这些功能添加到你的游戏中。

额外挑战

为你的游戏添加更多功能。

再想一想

描述一个你添加到游戏中的功能。

- 你用了什么积木块？
- 你对积木块做了什么改变？
- 你把积木块放在程序的什么地方了？

4.6 设计自己的游戏

本课中

你将学习：

→ 如何在程序中使用新的图像和声音。

中文界面图

创建角色

Scratch网站上有很多角色。

你也可以自己创建角色。

- 使用图形软件制作图像。
- 把一幅画扫描到计算机中。
- 拍张照片。

这是我们做的角色，看起来像宇宙飞船。你可以用任何你喜欢的东西，包括人或动物。

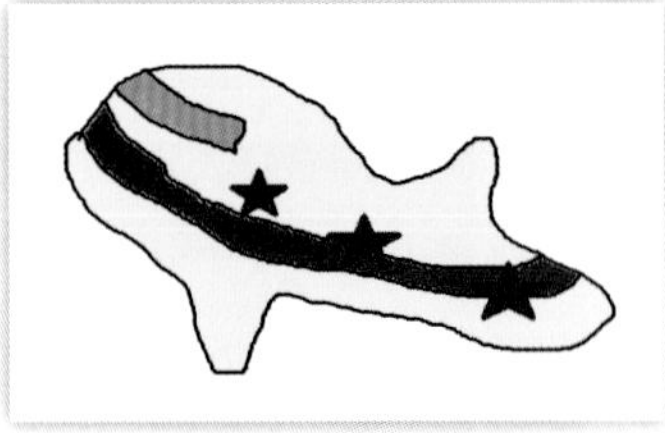

将角色添加到游戏中

将鼠标光标移到New Sprite（新角色）图标上，你将看到一个选项菜单。

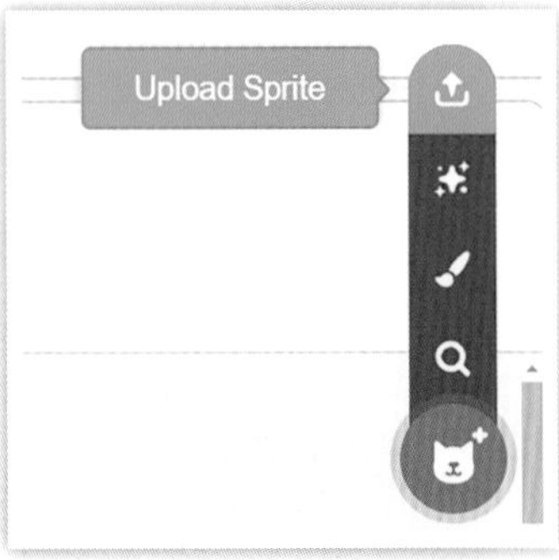

单击最上面的选项：Upload Sprite（上传角色）。**上传**是指从你自己的计算机上复制一个文件到一个网站上。你将复制的图像文件上传到Scratch网站上。

选择你创建的图像文件。你的图片将成为屏幕上的一个角色。

制作背景

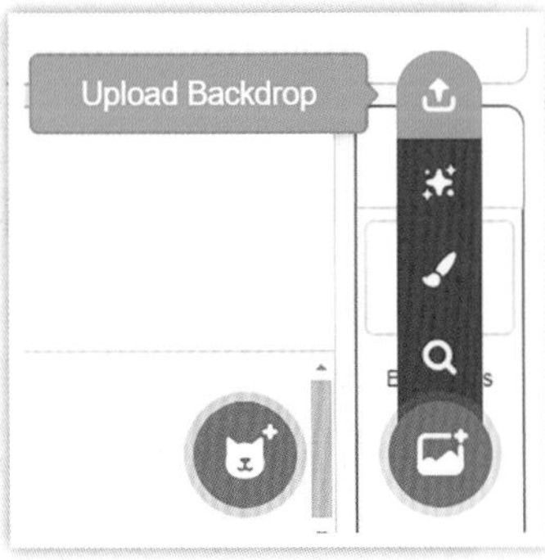

你也可以为舞台做一个背景。为什么不拍一张你的花园或教室的照片？确保你保存的图片是常见的文件类型，如jpg。

然后从Backdrop（背景）菜单上传。

你现在已经选择了自己的背景和角色，因此这个游戏是你的独创。

产生声音

你也可以改变你的程序发出的声音。

单击屏幕上方的Sounds（声音）标签。

你可以打开这里显示的菜单。

这个菜单让你能有机会录制自己的声音。如果你的计算机连着麦克风，你就可以做到。你也可以上传最常见文件格式的声音文件。

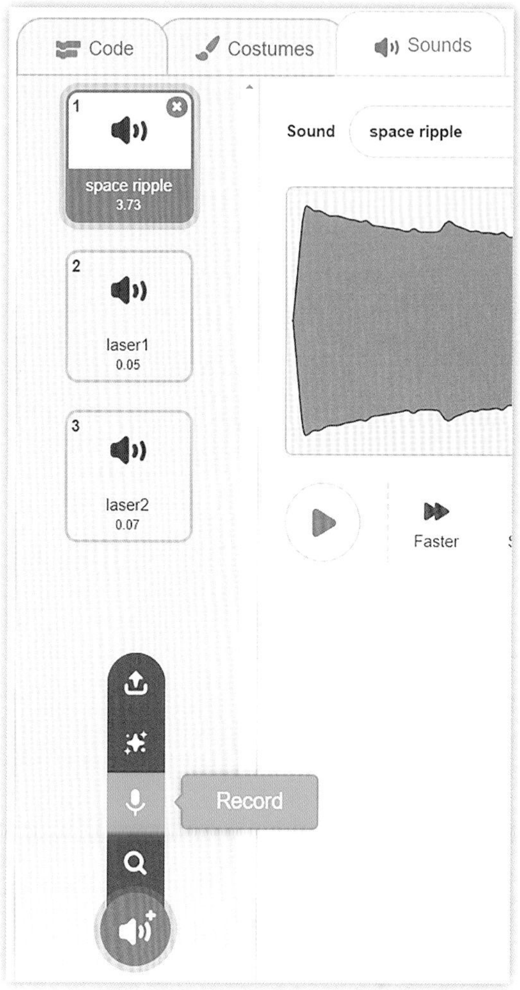

活动

制作一个新的角色设计并上传，使它可以在这个游戏中使用。

额外挑战

拍一张照片（或制作一张图片），并将其作为游戏背景。

录制一个新的飞船声音，并在这个游戏中使用它。

再想一想

解释上传的文件如何让你改变游戏的声音或图像。

创造力

制作一款带有不同背景和角色的新游戏。例如，在这款游戏中，一只蝴蝶躲避恐龙。你还能想到别的主意吗？

测一测

你已经学习了：

- ➔ 如何使一个程序满足需求；
- ➔ 如何通过添加额外的功能改进程序；
- ➔ 如何通过程序的输入和输出创建有趣的用户体验。

中文界面图

测试

下面问题的答案是右图中的积木块。说出与每个问题对应的积木块。

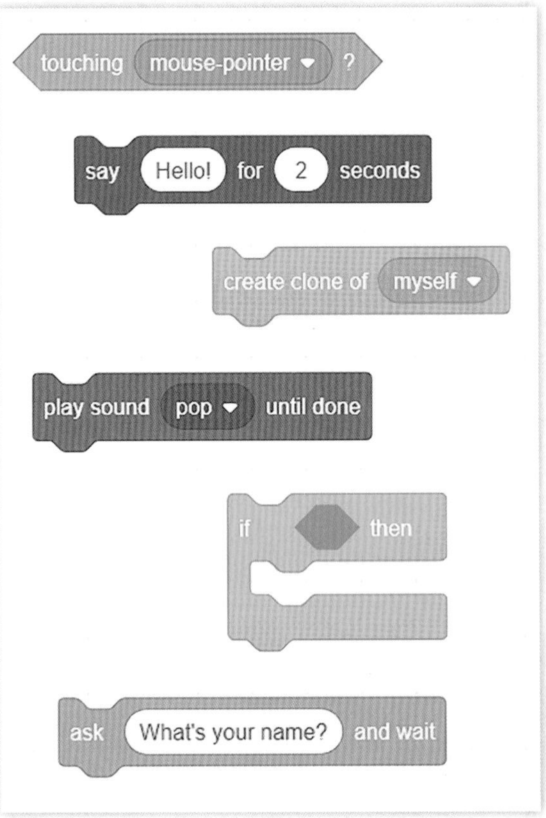

❶ 如果你想知道用户输入类型，你会使用哪个积木块？

❷ 如果你想要检测角色是否触碰鼠标指针，你会使用哪个积木块？

③ 你会使用哪个积木块来进行视觉输出？

④ 你会使用哪个积木块来进行声音输出？

⑤ 你会用哪个积木块来创建条件结构？

⑥ 你会使用哪个积木块来复制角色？

（提示：这是剩下的唯一积木块。）

活动

要求学生做一个新的计算机游戏，这个游戏叫作“有趣的鱼”。鱼必须游泳并躲避鲨鱼，这是游戏的截图。

1. 下载一个鱼形的角色。制作一个程序，使用户能够让角色在屏幕上移动。

2. 添加鲨鱼形状的角色。制作一个程序，让鲨鱼自己在屏幕上到处移动。

3. 做一项或多项扩展活动：

- 改变程序，如果鱼接触鲨鱼，它会发出声音。
- 给鱼20分，每次鱼碰到鲨鱼就减掉1分。
- 画出你自己的鱼。在这个程序中使用它作为角色。

自我评估

- 我回答了测试题1和测试题2。
- 我完成了活动1。我做了一个程序，至少用了一个角色。
- 我回答了测试题1～测试题4。
- 我完成了活动1和活动2。我用一条鱼和一条鲨鱼做了“有趣的鱼”这个程序。
- 我回答了所有的测试题。
- 我完成了所有活动。我做了“有趣的鱼”程序，并做了至少一项扩展活动。

重读单元中你觉得不确定的部分，再试一次测试题和活动，这次你能做得更多吗？

5 多媒体：创建和编辑文档

你将学习：

- 如何创建一个新的文本文档；
- 如何更改文档的外观；
- 如何给文档添加标题和目录；
- 如何与他人共同编辑文档；
- 如何检查文档中的拼写错误。

在世界各地，人们和企业都需要书面文字。大多数书籍和电影都是作者用文字处理程序完成创作的。

文字处理程序可以让你的文章更容易阅读和理解。当你的文章很容易阅读，读者会更注意你的措辞。你的作品会有更大的影响。

在本单元中，你会学习如何格式化和组织你的文档，使其具有更大的影响力。你还会学习如何一起工作，创建让你感到自豪的文档。

学习成果：使用软件格式化文档并修正错误。

课堂活动

在课堂上一起合作，讨论你可以做的写作项目。例如，你的项目可以是一份关于学校旅行或活动的报告。

当你们对项目达成一致意见后，讨论一下你们应该在文档中写些什么。考虑一些标题和主题，有助于使你的文档易于理解。写下你的想法——你在整个单元中都会用到它们。

页边距
换行　换段符
对齐　屏幕阅读器
辅助技术　项目符号列表
页眉　目录
页脚　跟踪变化

谈一谈

你看什么文档？想想书籍、杂志、网页等。谈谈使文档易于阅读和理解的方法。

你知道吗？

微软公司的Word是最流行的文字处理程序。全世界大约有12亿Word的用户。

5.1 建立新文档

本课中

你将学习:

- 如何使用文字处理程序创建一个文本文档;
- 如何使用页面大小、段落和文本对齐控件，来使你的文档美观易读。

螺旋回顾

在第2册中，你学习了如何使用文字处理程序创建文档。在本单元中，你将学习更多如何处理文本的知识。你将学习如何使你的文档易于阅读和理解。

打开空白文档

当你创建一个新文档时，将看到一个空白页。页面大小一般设置为A4。文字处理程序会设置你可以输入文字的**区域**。这个区域的边缘称为页边距。

下面的表格显示了不同纸张的尺寸以及使用场合。

规　格	尺　寸	用　于
A3	297 mm × 420 mm	海报、大型文档
A4	210 mm × 297 mm	信、报告
A5	148 mm × 210 mm	小册子、传单

在文档中输入文本

你输入的文本被添加到光标的位置。当文本到达右边空白处时，软件会将光标移到下一行。当文本到达底部边缘时，软件会将光标移到一个新的页面。

如果要在到达右边距之前开始在新行上输入，可以插入**换行符**或**换段符**。

换行类型	按　键	怎　么　做
换段符	Enter	将光标移动到新行，并在行与行之间插入行空
换行符	Shift+Enter	将光标移动到无行空的新行

当你选择换行符或换段符时，请考虑**屏幕阅读器**在阅读文档时如何使用换行符。屏幕阅读器是一种帮助盲人和视力不全的人的**辅助技术**。确保你的选择能帮助读者理解文本。

选择如何对齐文本

你可以选择**对齐方式**，以适合你的文档。

对齐方式	按钮	用　　于
左对齐	☰	文档中的正文
右对齐	☰	放在信右边的地址
居中对齐	☰	主题和标题
两端对齐	☰	需要整洁和正式的外观时的正文文本

活动

打开一个空白文档，并开始输入文本。利用课堂活动的笔记帮助你。

在文本的两部分之间插入一个段落。

选择其中一个段落并改变对齐方式，把它和另一段相比较，哪个段落看起来更好？你能解释一下原因吗？

保存你的工作。

额外挑战

如果你的文字处理程序有一个屏幕阅读器，使用它大声朗读你的文件。注意停顿。它们有何不同？解释如何使用分段来帮助读者理解你的文本。

再想一想

屏幕阅读器是一种辅助技术。你能想到其他辅助技术吗？

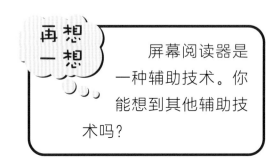

5.2 选择和更改文本

本课中

你将学习：

- 如何在你的文档中选择文本；
- 如何更改字体、大小和颜色；
- 你的选择对使你的文本可读有多重要。

中文界面图

选择文本

你的文字处理程序允许你选择文本的任何部分，并对其进行更改。你可以通过单击将光标放置在文本中的任何位置。

下面的表格展示了如何选择文本的不同部分。

正文部分	使用	尝试
一个单词	鼠标/控制板	将指针移动到单词中的任何位置。双击鼠标/触控板按钮
	键盘	把光标放在第一个字母前。按Ctrl + Shift +右箭头
一行	鼠标/控制板	将指针移到行首。单击并将鼠标拖动到右侧，直到该行突出显示
	键盘	将光标放在行首。按下Shift +向下箭头
一段	鼠标/控制板	将指针移动到段落中的任何位置。单击三次，直到突出显示该段落
	键盘	把光标放在段落的开头。按Ctrl + Shift +向下箭头

改变字体和大小

可以通过使用文字处理程序中的字体控件来改变文本的外观。字体控件允许你用许多不同的方式更改文本。

1. 选择要更改的文本。

2. 使用控件来更改字体、大小和颜色。

3. 将鼠标悬停在控件上，看看它会怎样。

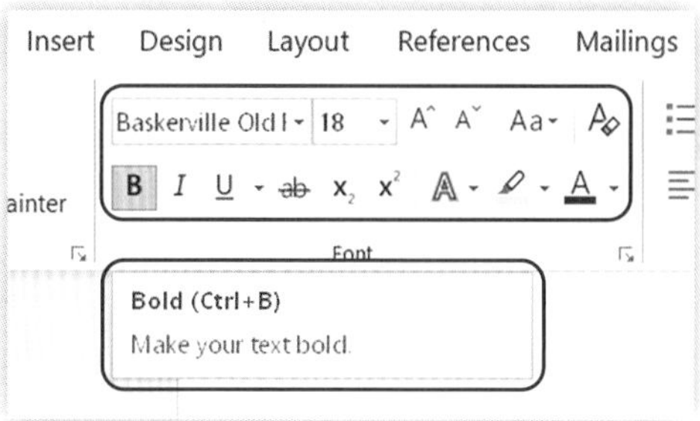

在为文档选择字体样式和颜色时，要考虑可读性，尽量使你的文档易于阅读。

看右图中的照片。这个字母有“衬线”，无衬线字体没有任何衬线。

下面的表格描述了一些著名的字体。

字　体	描　述
The quick brown fox (Times New Roman)	衬线字体对大多数人来说是易于阅读的，在文档的任何地方都可以使用它们
The quick brown fox (Arial)	无衬线字体看起来更现代，也易于阅读
The quick brown fox (Harlow Solid)	小尺寸的奇幻字体很难阅读，只在标题中使用
The quick brown fox (Courier New)	等宽字体会让你的文本看起来像是用老式打字机写的

活动

在文档的顶部添加标题。

选择你的正文文本并更改字体和大小。什么是最重要的？记住：尽量使你的文本具有可读性。

保存你的工作。

再想一想

想想你最喜欢的衣服、食物和饮料品牌。你认为它们为什么在产品上使用特殊字体？

额外挑战

选择标题并更改字体和大小，尝试一些不同的选择，你最喜欢哪一个？解释为什么。

5.3 增加标题和列表

本课中

你将学习：

➔ 如何使用标题、项目列表和表格来组织你的文本。

中文界面图

添加子标题

在上一课中，你在文档的顶部添加了一个标题。你可以在自己的文档中使用其他标题来帮助读者理解你的文本，使它更容易阅读。文档中的标题有时被称为子标题。

你可以使用子标题将文档的一部分与另一部分分开。一个子标题就像一个旅程中的路标，它告诉读者接下来是什么内容。你的读者也能更容易地找到他们想要的文本。

下表显示了你可能在不同类型的文档中看到的一些标题。

文档类型	你可能看到的子标题
故事	前言、第一章、第二章、……、结语
商业报告	总结、介绍、问题、选择、建议、结论
印刷或网络文章	任何子标题，但要保持标题简短且与主题相关

下面介绍如何向文档添加子标题。

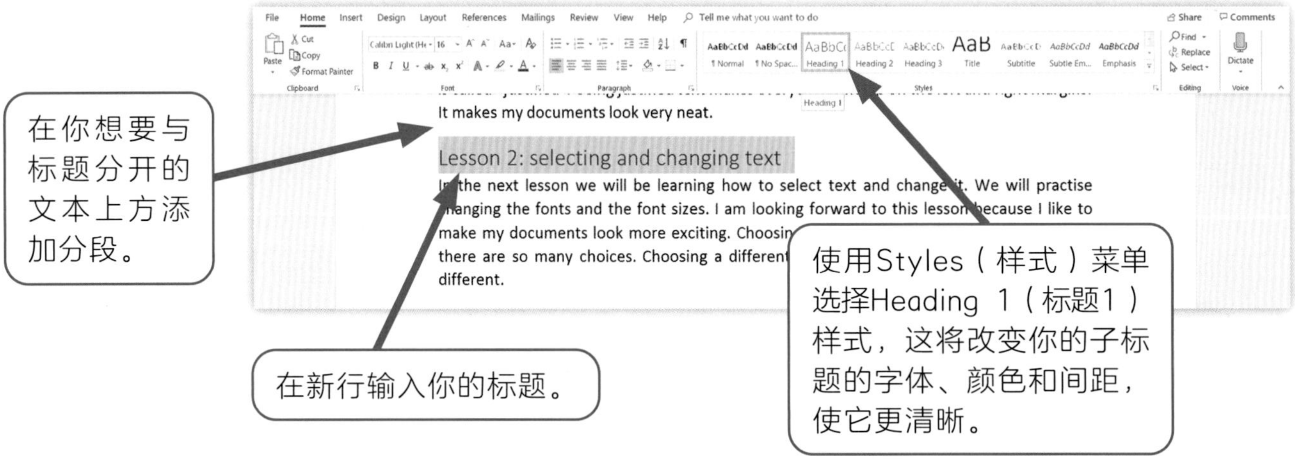

It makes my documents look very neat.
Lesson 2: selecting and changing text
在你想要与标题分开的文本上方添加分段。
在新行输入你的标题。
使用Styles（样式）菜单选择Heading 1（标题1）样式，这将改变你的子标题的字体、颜色和间距，使它更清晰。

译者注：本页的软件界面有意保留英文，同时扫描右上角的二维码可以看对应的中文界面。本书中不少软件界面都如此处理。

创建列表

使用列表让你的文章中的重要信息脱颖而出。有两种类型的列表。

- 当项目列表中的项目没有任何顺序时，使用项目符号列表（就像这样）。
- 当列表中的项目是按照某种顺序排列时，使用编号列表。

下面介绍如何创建项目符号列表或编号列表。

1. 输入列表的每一行，在末尾加一个段落符。
2. 选择列表中的所有行，单击 [☰▾] 或 [☰▾] 来创建列表。
3. 通过右击并从显示的选项中选择更改项目符号或编号的样式。

活动

打开保存的文档，检查你的文档，确定两个或更多的子标题，添加更多的文本。

使用Styles菜单添加子标题。

给你的文档添加一个列表，选择最好的列表格式，解释你为什么选择这种格式。

保存你的工作。

额外挑战

使用Styles（样式）菜单和Paragraph（段落）菜单中的选项来改变标题和列表的外观。尝试不同的项目符号样式和编号样式。哪种样式最适合你的文档？解释为什么。

再想一想

把这本书看一遍。把它和其他的书比较一下。你能找到不同风格的标题和列表吗？在一个小组中讨论，选出你最喜欢的风格，解释你为什么喜欢它们。

5.4 添加页眉和目录

本课中

你将学习：

➔ 如何帮助读者在更长的文档中找到他们想要的文本；

➔ 如何添加页眉和页脚、页码和目录，使你的文档具有专业的外观。

中文界面图

添加页眉和页脚

文档的页边距在每页的顶部和底部都留出少量空间。每页顶部的空间称为**页眉**。每页底部的空间称为**页脚**。若要在页眉和页脚中添加文本，请双击页眉或页脚的空白区域，然后输入文字了。

你可以使用页眉或页脚的空白添加少量有助于读者阅读的文字。例如，你可以加上：

- 在页眉中的文档标题。
- 在页眉中的一个公司标志（logo）——使用 Insert（插入）菜单添加一个标志。
- 页脚上的页码。

完成页眉或页脚的工作后，双击主页面区域。

每个页面都可以有页眉和页脚。仔细考虑页眉和页脚中应该放置哪些信息将对文档的读者有帮助。

从菜单中选择页码样式。

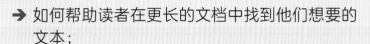

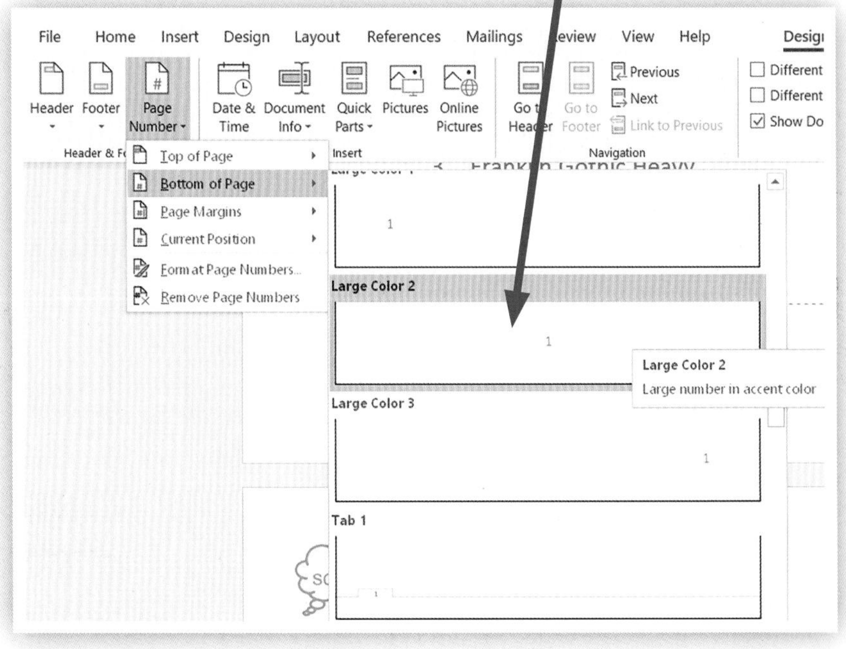

添加目录

目录可以帮助读者在较长文档中快速找到希望阅读的不同部分。你经常可以在下面的资料中看到目录：

- 学校教科书；
- 杂志；
- 商业报道。

下面介绍如何添加目录。

1. 使用Styles菜单添加一些子标题。

2. 进入文档开头，在主标题下方，使用References（引用）菜单从下拉菜单中选择Table of Contents（目录）样式。

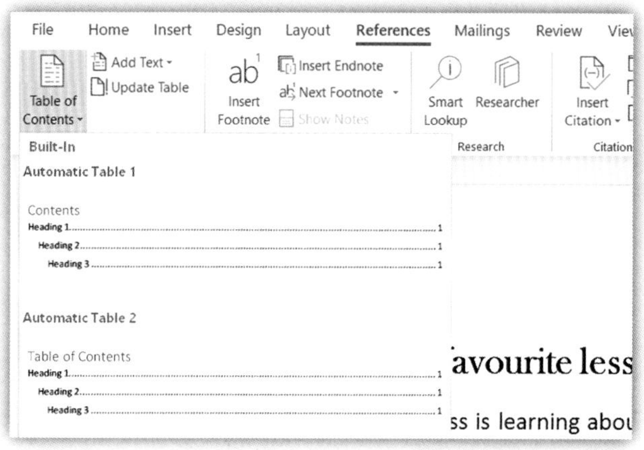

3. 目录将显示你使用Styles菜单创建的所有标题和标题所在页的页码。

活动

打开已保存的文档，查看所有页面的标题，确保你至少有三个标题，在标题上使用Styles菜单。

为文档添加页眉和页脚，页脚应该包括页码。

添加一个目录，检查目录是否显示了你想要的所有标题。

保存你的工作。

创造力

使用绘图程序创建一个小标志，保存绘图，将你的小标志添加到文档的页眉或页脚中。

再想一想

看一些书和杂志。它们在页眉和页脚中都有相同类型的信息吗？为什么有些会不尽相同？

额外挑战

将一个标题移动到文档中的另一个页面。你的目录现在是错误的。找到Update Table（更新表格）选项并更正目录。

5.5 编辑文档

本课中

中文界面图

你将学习：

➔ 如何与他人共享文档，这样你就可以一起编辑它；

➔ 如何使用追踪修订和评论工具。

团队编辑

在许多工作中，人们共同承担创建文件的任务。例如，多个记者共同为报纸和网站撰写报道，多个研究人员共同撰写科学论文，多个商业人士共同撰写报告。

像这样一起工作被称为协作写作和编辑。

你可以通过在创建文档时共享文档与他人协作，你可以通过电子邮件共享文档，你还可以使用**共享驱动器**或将其存储在**云**上。

跟踪修订

当你与某人共享一个文档时，你可以要求他们使用**跟踪修订**（Track Changes）工具进行更改。他们所做的改变将与你的原始文本一起显示，这叫作标注。

当他们将文档返回给你时，你可以接受或拒绝这些**更改**。当你接受更改时，将对文档进行更改，标记将消失。当你拒绝更改时，不会对文档进行任何更改，标记也会消失。通常，一个文档可以被多次共享，直到每个人都同意对它所做的最终修改。

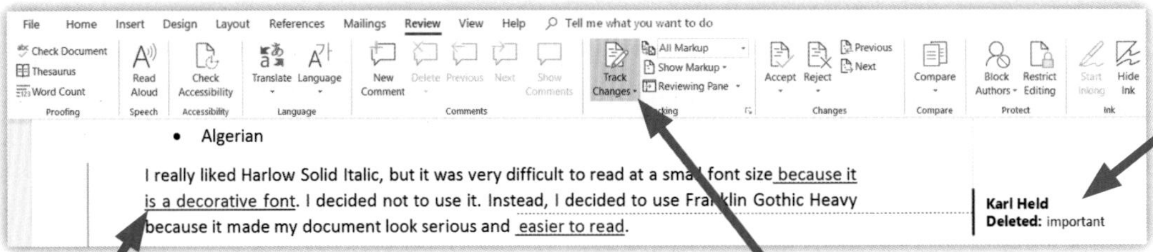

当有人删除文本时，页边空白处的注释会告诉你。

标记文本以不同的颜色显示。

你可以用这个按钮来打开或关闭跟踪修订工具。

批注

你可以通过使用Comment（批注）功能来分享关于文本的想法和思路。你可以将批注放在文档的任何位置，只需把光标放置在被批注的对象上，并选择New Comment（新建批注）。当你添加批注时，它显示在页面边缘。批注人员的姓名也会显示出来。

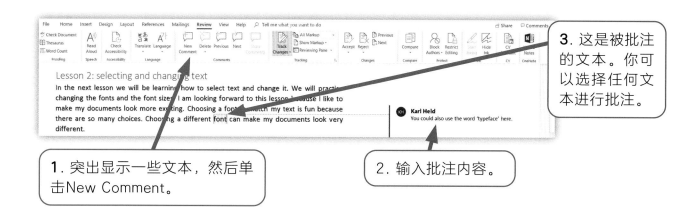

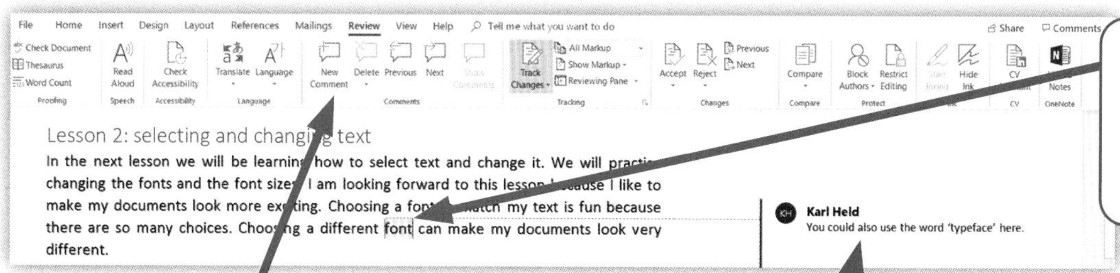

3. 这是被批注的文本。你可以选择任何文本进行批注。

1. 突出显示一些文本，然后单击New Comment。

2. 输入批注内容。

当你完成文档的工作时，你可以删除批注。

活动

与同学分享你保存的文档。

让你的同学使用跟踪修订对你的文档做至少三个更改。

请你的同学使用批注在文档中提出至少一个建议。

回顾你同学的改动和评论，决定是接受更改还是拒绝更改，回复批注。

探索更多

向你的父母或老师询问他们是如何在工作中合作创建文件的。协同工作如何帮助他们制作更好的文档？

额外挑战

在文档上协作并不总是容易的！你同意你同学建议的修改和批注吗？解释你为什么同意或不同意。

5.6 完成文档

本课中

你将学习：

- ➔ 如何使用查找和替换；
- ➔ 编辑文档，如何使用拼写检查器对文档进行最终检查。

中文界面图

编辑工具

使用鼠标、Delete和Backspace键可以快速而简单地编辑简短的文档。当你编辑较长的文档时，可以使用一些文字处理程序的编辑工具，这对你很有帮助。

查找和替换

你可以使用Find（查找）来检查你是否正确地使用了一个单词或短语。Find工具位于Home（主）菜单上的Editing（编辑）部分。你也可以用Ctrl+F打开一个搜索框。

输入一个单词或单词的一部分，让应用程序在文档中搜索它。

如果你知道你想要更改的单词，请使用Replace（替换）功能。它的工作原理与查找类似，但它也会用你选择的新内容替换原来的内容。

你可以让应用程序替换这些单词，或者你可以使用Find Next（查找下一处）查找每个单词，并决定是否要用新的单词替换它。

1. 单击Replace。

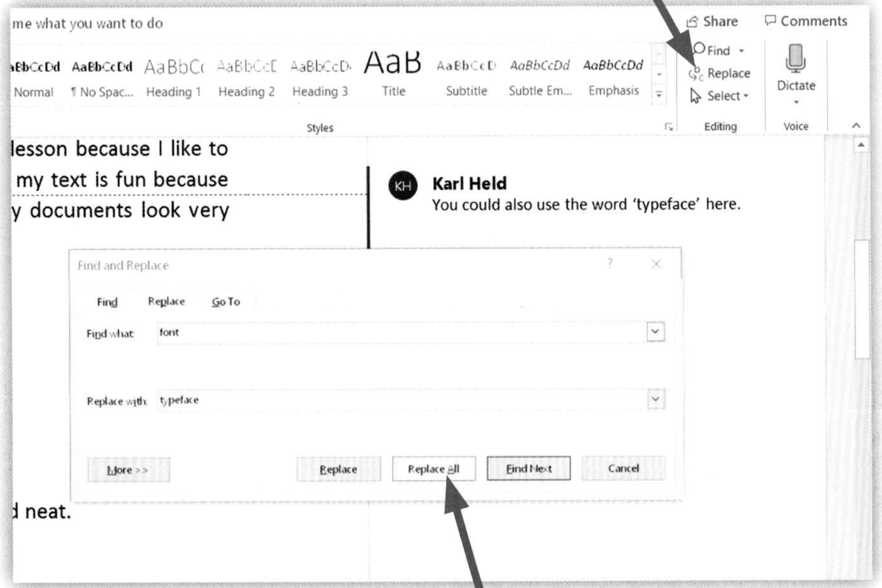

2. 输入你想要替换的单词和新单词，单击Find Next或Replace all按钮。

校对工具

当你撰写和编辑完你的文件后，你应该最后检查一下，这叫作**校对**。拼写检查是最重要的校对工作之一。你的文字处理器通常会：

- 检查你输入的所有单词的拼写，并在有拼写错误的单词下画红色的下画线；
- 自动纠正一些错误，例如当你想输入the时错误地输入了teh。

你可以使用Check Document（检查文档）工具对文档进行最后的拼写检查。这个工具将发现每个错误并显示更正的建议。

1. 单击Check Document。

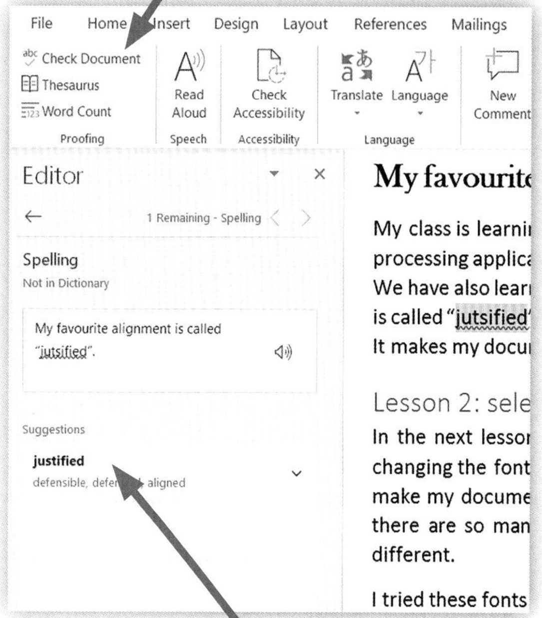

2. 单击正确的建议来替换错误内容。

活动

检查你保存的文档，并选择一个你可以替换的单词。例如，试着把“同学”换成“朋友”。

使用Find和Replace替换该单词。

使用Check Document工具检查拼写，在确认文档没有拼写错误之后最好不要再做任何修改。

保存你的工作。

额外挑战

查看Review菜单中的更多功能。有些程序具有Read Aloud（大声朗读）功能。这有助于检查你的文档是否可以被屏幕阅读器读取。

再想一想

为什么检查文档中的拼写很重要？写下三个原因。和你的同学进行比较，你都同意同学们的看法吗？

测一测

你已经学习了：

- 如何创建一个新的文本文档；
- 如何更改文档的外观；
- 如何给文档添加标题和目录；
- 如何与他人共同编辑文档；
- 如何检查文档中的拼写错误。

测试

1. 你用什么软件制作文档？
2. 想想你今年用计算机做过的一个文件。这个文件是关于什么的？你用什么文件名来保存文件？
3. 什么类型的列表能更好地描述在一个系列中的项目？
4. 你可以在页脚添加什么信息？
5. 举一个计算机拼写检查无法发现的拼写错误的例子。
6. 解释如何使用跟踪修订和朋友一起编辑文档。

活动

你的老师给你一个文本文件，打开文档并完成下列操作。

1. 使用合适的字体让标题脱颖而出。

2. 使用查找函数找出这些单词在文档中出现的次数：

the

and

school

3. 给文档添加页脚，在页脚中显示页码。

4. 查看文档，你怎样才能让它看起来更好、更容易阅读呢？使用Comments 功能写下你的想法。

自我评估

- 我回答了测试题1和测试题2。
- 我完成了活动1。
- 我回答了测试题1～测试题4。
- 我完成了活动1～活动3。
- 我回答了所有的测试题。
- 我完成了所有活动。

重读单元中你觉得不确定的部分，再试一次测试题和活动，这次你能做得更多吗？

6 数字和数据：运用数值

你将学习：

- ➔ 如何在电子表格中存储数字值；
- ➔ 如何使用电子表格函数；
- ➔ 如何创建使用单元格引用的电子表格公式；
- ➔ 如何制作饼图和柱形图显示数字值。

在本单元中，你将使用电子表格来计算百分比并制作图表。

电子表格是一种应用程序。电子表格程序存储信息并计算出求和的答案。电子表格程序可以为你制作图表。用图表显示数据可以使它们更容易阅读和理解。

谈一谈

以班级为单位，从报纸或互联网上收集招聘广告。以下哪些职业需要计算机技能？和朋友谈谈你理想的职业。计算机将如何帮助你实现梦想的工作？

课堂活动

以班级为单位，讨论一下你们长大后想做什么。你的老师会列出10种最受欢迎的职业。

在你最喜欢的职业旁边贴上贴纸。

数一数每个职业旁边有多少贴纸，确保这些数据安全。

你将使用本单元课程中的数据。

学习成果：使用软件工具处理数字数据，并查看汇总结果，包括一个图表。

自动求和

柱形图　单元格　单元格引用

电子表格公式

百分比　饼图

分段　和

你想从事什么职业？

你知道吗？

雇主希望员工具有良好的团队精神和解决问题的能力。他们还需要计算机和数字技能。哪些技能是你在学校里学习的？

6.1 数值和标签

本课中

你将学习：

→ 什么是值和标签；

→ 如何在电子表格单元格中输入值和标签；

→ 如何格式化电子表格。

中文界面图

螺旋回顾

在第3册中，你学习了如何创建电子表格和使用公式进行计算。在本单元中，你将学习更多关于在其他文档中使用电子表格数据的知识。

单元格和单元格引用

电子表格是列和行组成的网格。当一列与一行交叉时，它构成一个**单元格**。**单元格引用**是单元格的名称。它由列字母和行号组成。

值和标签

电子表格单元格可以保存值或标签。

- **值是数字和计算。**值显示在单元格的右侧。
- **标签**是所有其他内容，通常是单词。标签显示在单元格的左侧。如果一个标签太大，它会溢出到旁边的单元格。

在本节课中，你将制作一个电子表格，里面有关于你和你的同学长大后想要从事什么职业的数据。

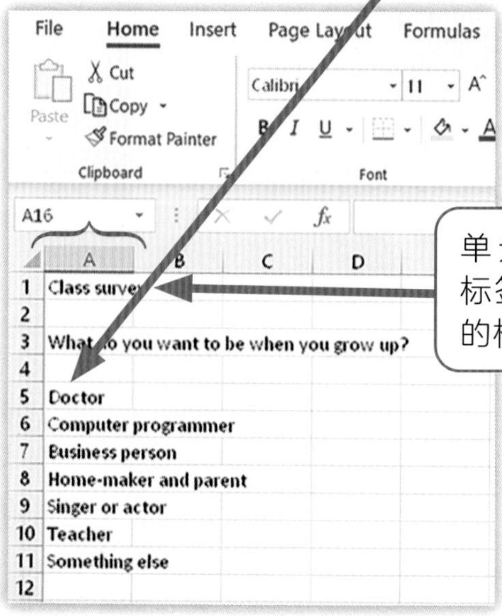

如何将数据放入电子表格

1. 单击单元格。
2. 输入你的标签文本。
3. 按Enter键。

重复此操作以输入电子表格的所有标签。

让你的电子表格更美观

你可以：

- 将列A拉宽，以便能容纳所有标签。
- 格式化标题，使它从其他标签中脱颖而出。

1. 单击并拖动列A和列B之间的线，使列A变宽。

2. 当你将鼠标指针移动到列A和列B之间的直线时，它将变为此形状。

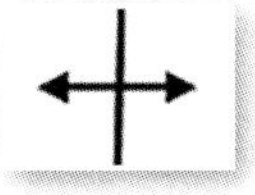

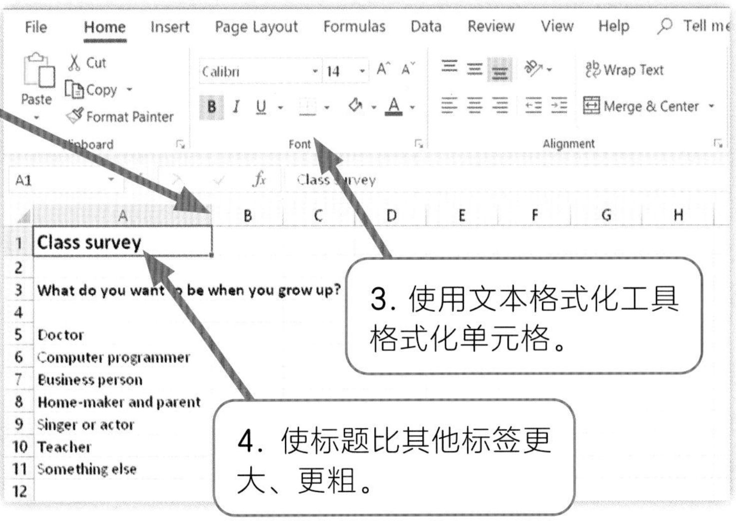

3. 使用文本格式化工具格式化单元格。

4. 使标题比其他标签更大、更粗。

活动

根据调查中的职业列表创建一个电子表格，右图中的电子表格列出了你的标签。

在下一列中输入选择各个职业的学生人数，这些就是你们的数值。

使用文本格式工具使电子表格看起来更美观。

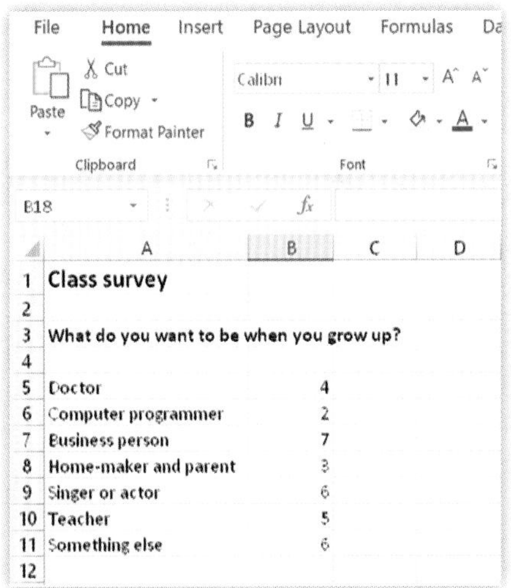

额外挑战

尝试使用边框和填充颜色菜单，使你的电子表格更有趣。选择一大片单元格，并使用菜单栏的Font（字体）区域中的控件。什么颜色和边框最好？解释为什么。

再想一想

看看电子表格程序界面的顶部和文字处理程序界面的顶部。哪些内容是相同的？为什么它们是一样的？这对你使用软件有什么帮助？

6.2 求和函数

本课中

你将学习：

- 电子表格函数是什么；
- “求和”的意思是什么；
- 如何使用求和函数累加一列数字。

中文界面图

什么是电子表格公式

我们经常用“求和”这个词来表示数学计算。当我们谈论数学或电子表格时，**求和**的意思是把一串数字累加起来。求和的数学符号是希腊字母$\sum$（Sigma）。

电子表格函数是使用电子表格中的值来创建新值的命令。Sum就是一个电子表格函数。

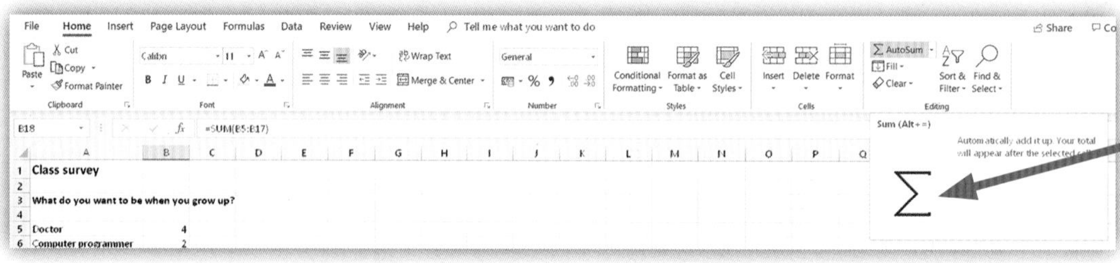

自动求和按钮允许你向电子表格添加一个总和。

如何使用Sum函数

你可以使用电子表格函数Sum为你的电子表格添加总数。

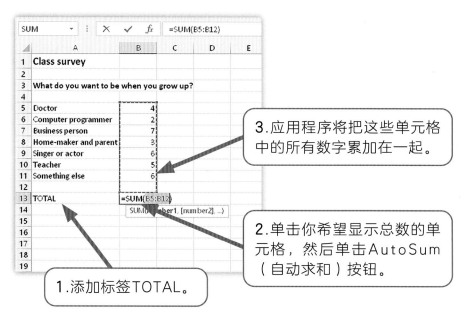

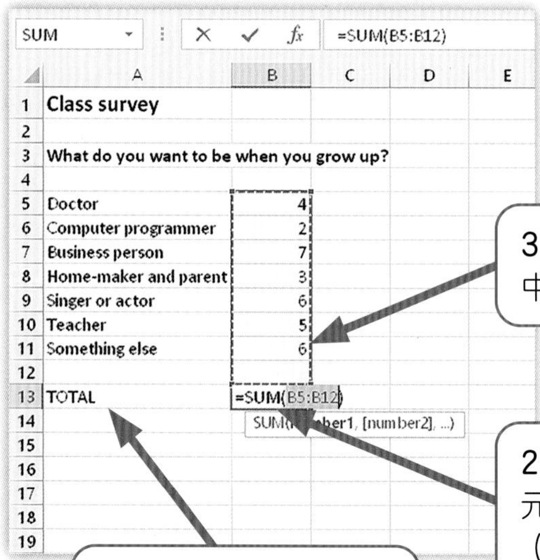

3.应用程序将把这些单元格中的所有数字累加在一起。

2.单击你希望显示总数的单元格，然后单击AutoSum（自动求和）按钮。

1.添加标签TOTAL。

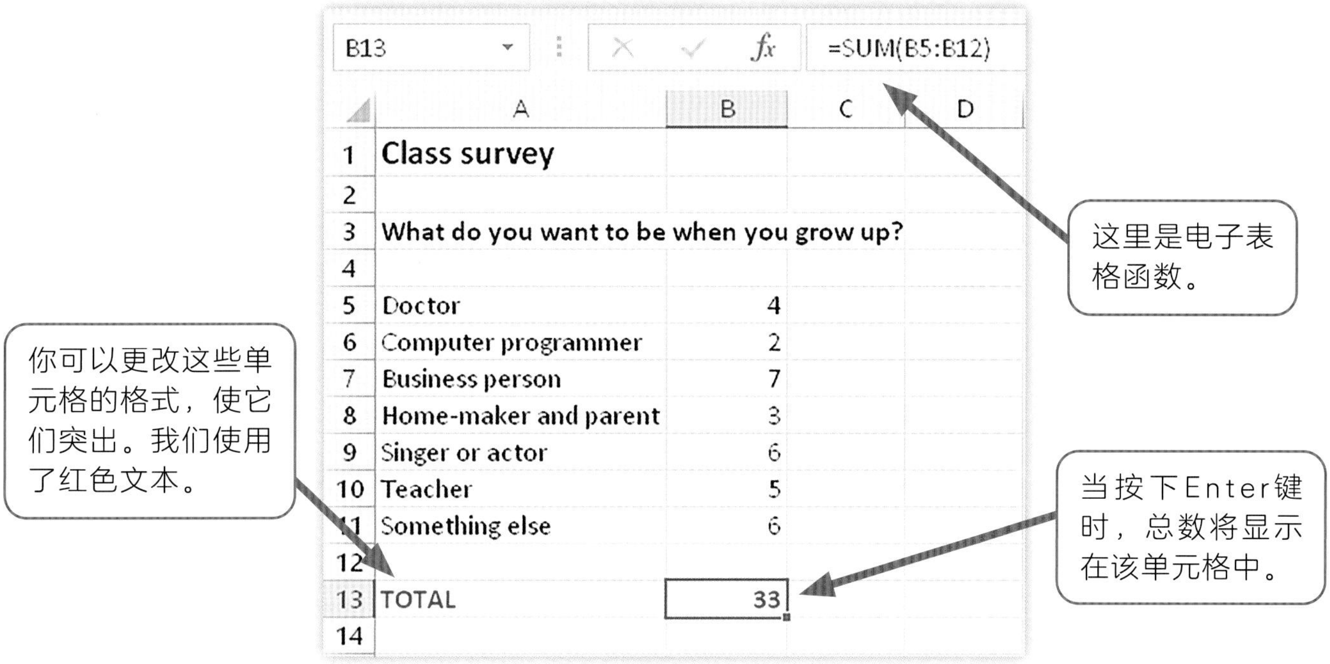

活动

使用Sum函数来计算电子表格中值的总值。

打印电子表格。

记住保存你的工作。

探索更多

你已经了解了使用电子表格函数可以帮助你处理一系列数字。问问你的朋友、父母或老师，他们认为电子表格功能能在工作或家庭中给他们带来什么帮助。

额外挑战

AutoSum（自动求和）按钮可以让你在电子表格中添加其他函数。这些函数包括求平均值和求最大值。

尝试不同的函数，你得到了什么结果？

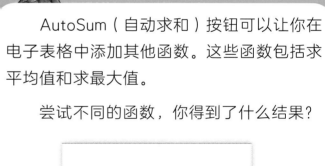

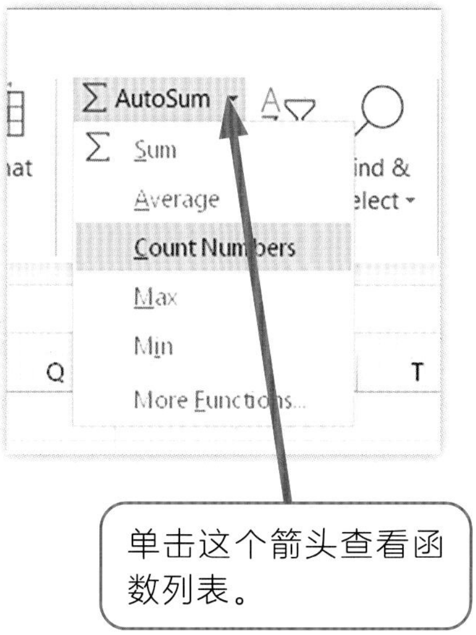

6.3 电子表格公式

本课中

你将学习：

- ➔ 什么是百分比；
- ➔ 什么是电子表格公式以及如何使用；
- ➔ 如何在电子表格公式中使用单元格引用。

中文界面图

在本节课中，你将使用**电子表格**公式计算出想成为医生的学生的百分比。

100的一半是50，所以50%的意思是1／2。

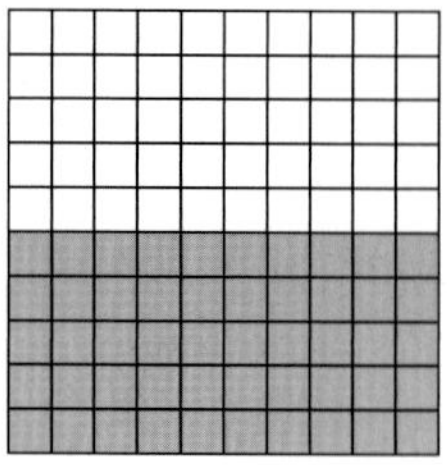

什么是百分比

百分数表示分母为100中的一个分数。你可以算出任意值占总数的百分比，用这个值除以总数。

100的四分之一是25，所以25%的意思是1/4。

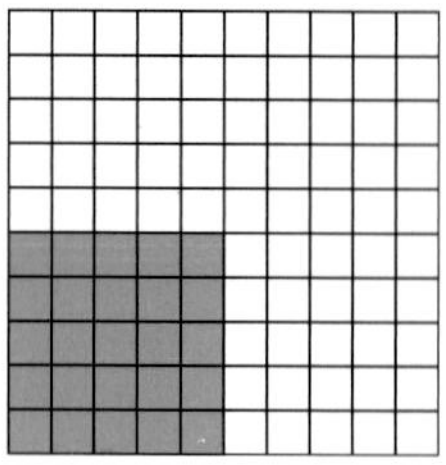

什么是电子表格公式

电子表格公式使计算机进行计算，每个电子表格公式都以等号开头：=。

如何制作电子表格公式

下面介绍如何计算出想成为医生的学生的百分比。

- 从想成为医生的学生人数开始。
- 除以班级调查的学生总数。

若要将单元格中的值放入公式中，请使用单元格引用。单击保存该值的单元格，这个值将被添加到你的公式中。

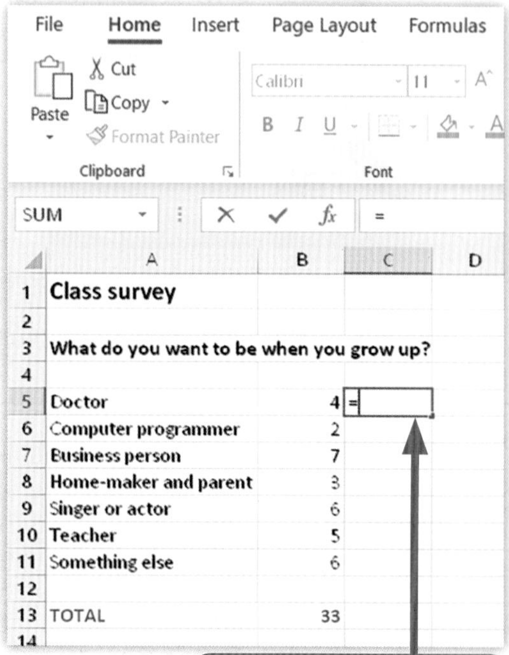

在这里输入一个等号来开始这个公式。

开始制作公式

在数值旁边的单元格中制作公式。在这个例子中，是单元格C5。

在公式中添加单元格引用

在等号之后你将添加一个单元格引用。在这个例子中，单元格B5保存了想成为医生的学生的数量。

1. 单击单元格B5。

2. 应用程序将单元格引用B5添加到公式中。

+	加
—	减
*	乘
/	除

运算符

电子表格公式包括称为**运算符**的数学符号。它们告诉应用程序如何计算公式。

右上方的表格显示了最常见的数学符号。

在这个公式中，你会使用除法符号。

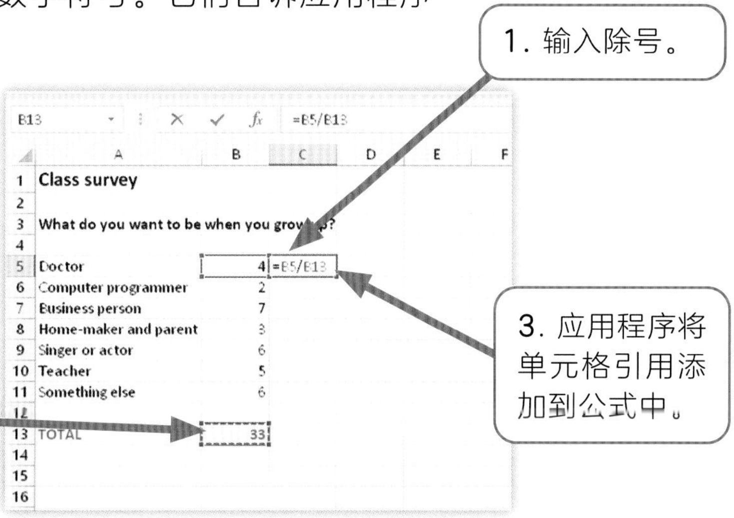

完成公式

你已经完成了这个公式，按Enter键查看公式的结果。

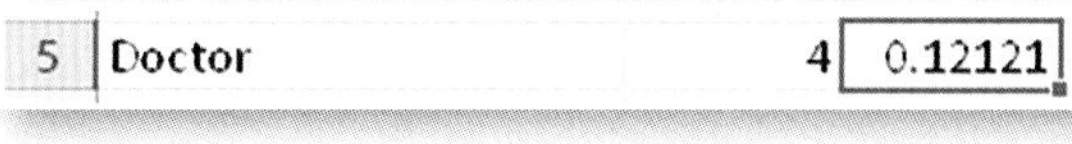

活动

按照说明在电子表格中制作一个公式，找出有多少学生想做最受欢迎的职业。

记住保存你的工作。

额外挑战

你的公式使用两个单元格中的值。当移动带有TOTAL值的单元格时会发生什么？单击该单元格并将其拖动到一个空单元格，解释发生了什么。

再想一想

你每天用什么公式？想一想你购买或分享东西的场景。写下一些例子。

6.4 百分比

本课中

你将学习：

➔ 如何将一个值格式化为一个百分比。

中文界面图

在上节课中，你使用了一个电子表格公式。你用想成为医生的学生人数除以学生总数，结果用小数表示。在这节课中，你将把这个数字改为百分数。

把小数转换成百分数

选择保存小数值的单元格。

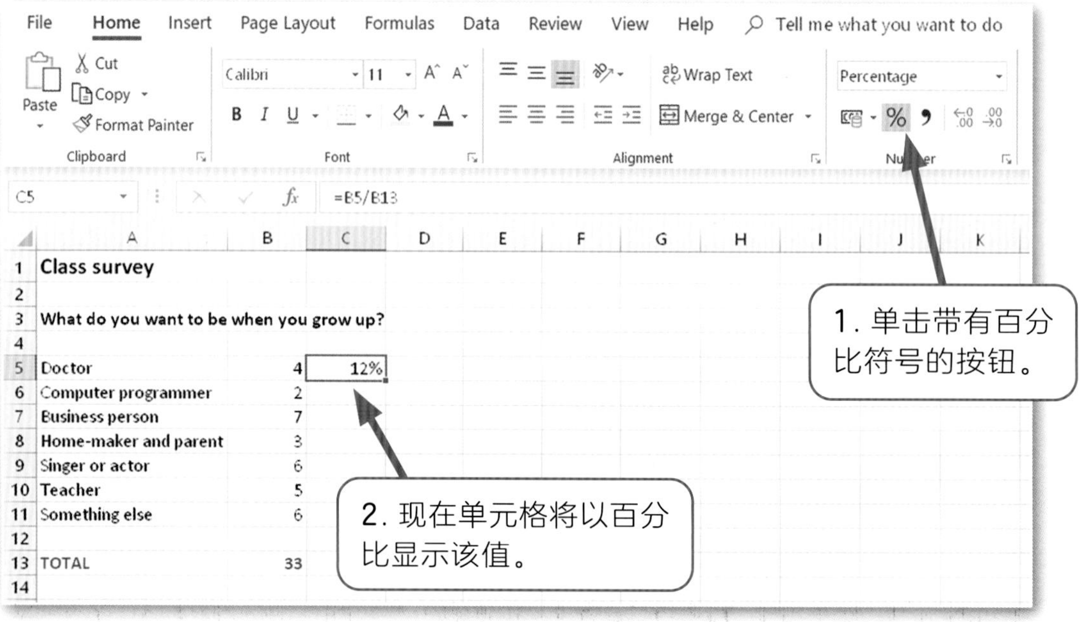

活动

你已经学会了如何使用公式，将想成为医生的学生人数除以学生总数。你已经学习了如何将数字格式化为百分比。

在你自己的电子表格中输入一个公式来练习你的技能。

- 在需要公式的单元格里放一个等号。
- 单击单元格，该单元格包含希望从事指定职业的总人数。在这个例子中，这是单元格B6。
- 输入除号，然后单击包含所有人总数的单元格。在本例中，这是单元格B13。

B13 =B6/B13

	A	B	C	D
1	Class survey			
2				
3	What do you want to be when you grow up?			
4				
5	Doctor	4	12%	
6	Computer programmer	2	=B6/B13	
7	Business person	7		
8	Home-maker and parent	3		
9	Singer or actor	6		
10	Teacher	5		
11	Something else	6		
12				
13	TOTAL	33		
14				
15				

将值格式化为百分比。

在电子表格中的每个数字旁边的单元格中都输入一个公式。

格式化所有结果，这样你就可以看到百分比。

保存并打印你的工作。

5	Doctor	4	12%
6	Computer programmer	2	6%
7	Business person	7	21%
8	Home-maker and parent	3	9%
9	Singer or actor	6	18%
10	Teacher	5	15%
11	Something else	6	18%

额外挑战

更改电子表格中存储的一些数字，你将看到所有的百分比都会自动变化。探索你所做的改变的效果，解释一下为什么你认为这些自动更改可以帮助使用电子表格的人，可能的缺点是什么？

再想一想

你已经知道百分数是分数的另一种写法。将下图中的百分比与下列分数匹配：

- 二分之一
- 三分之一
- 五分之三
- 四分之一
- 四分之三
- 八分之三

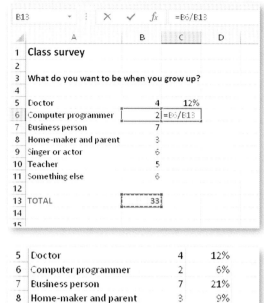

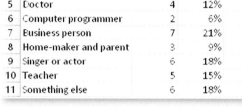

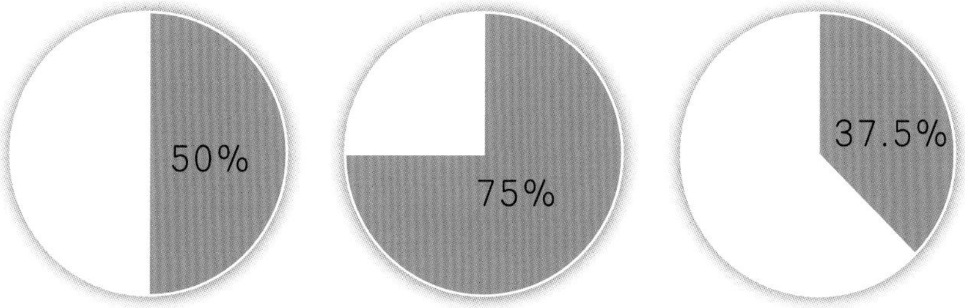

6.5 饼图

本课中

你将学习：

➔ 饼图如何以图形方式显示数据；

➔ 如何用电子表格中的数据制作饼图。

中文界面图

饼图如何显示数据

饼图的一片代表一个分数。份额越大，饼图中的片就越大。一个**饼图**被分成许多片，以显示一个总数是如何由不同的值组成的。每个片称为**段**。

下面你将制作一个饼图，显示电子表格中的数据。

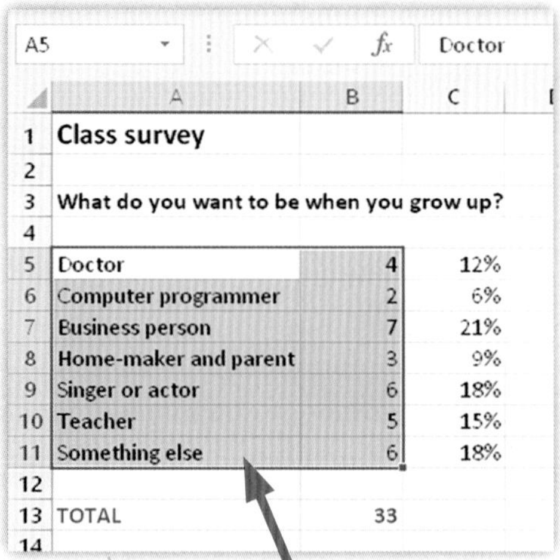

确保所有需要的单元格都被高亮显示。

根据数据制作饼图

选择数据

首先，为图表选择数据。你必须选择：

- 显示不同职业的标签；
- 显示有多少学生选择了各个职业的数字。

制作饼图

根据这些数据制作饼图所需的工具在Insert（插入）选项卡中。

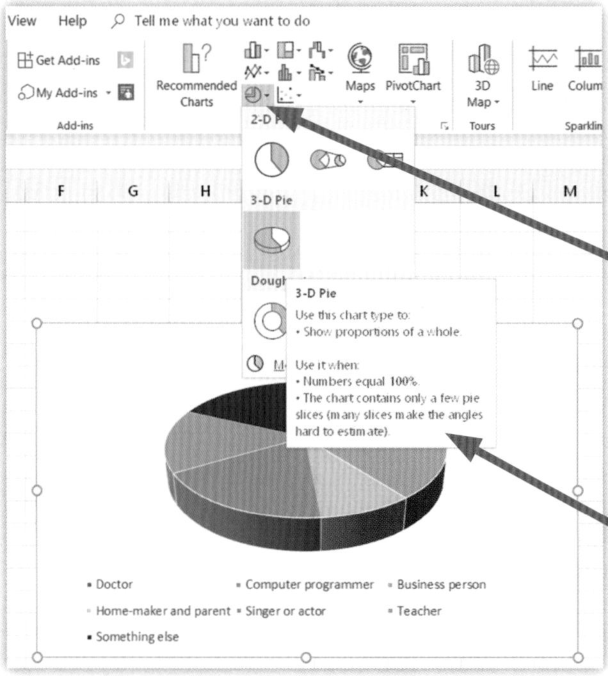

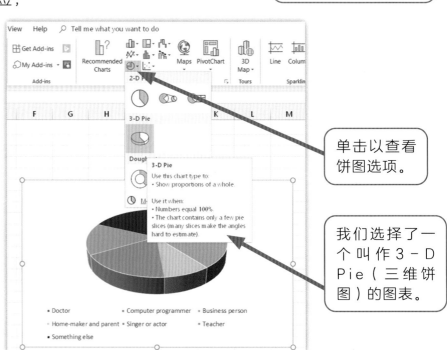

单击以查看饼图选项。

我们选择了一个叫作3-D Pie（三维饼图）的图表。

活动

按照说明根据电子表格数据制作饼图。

选择Chart Title（图表标题）并为图表输入一个新标题。

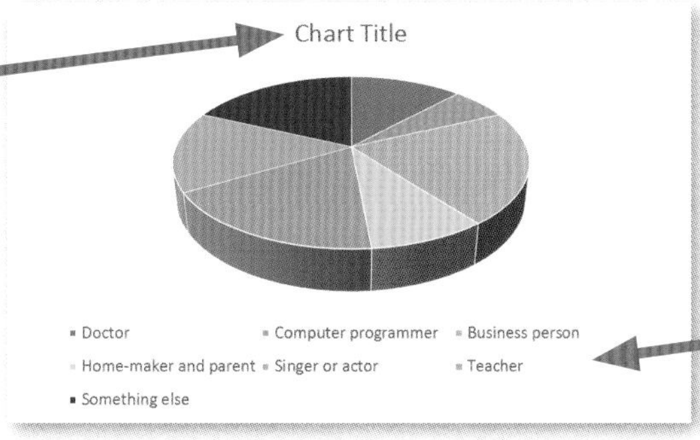

这是关键（或图例），它会告诉你不同颜色的含义。

尝试不同的饼图设计。使用Chart Styles（图表样式）菜单选择不同的设计。哪种设计看起来最好？解释为什么。

额外挑战

探讨如何使用应用程序进一步更改饼图设计。记住要选择有助于读者理解文档的设计。

- 试试Chart Layouts（图表布局）选项卡，更改标题、标签和图例的外观。
- 使用Quick Layout（快速布局）按钮尝试其他设计。
- 移动并调整电子表格上的图表，哪里看起来最好？

解释你所做的选择。

创造力

使用Add Chart Element（添加图表元素）按钮自定义图表。可以更改诸如标题、标签和图例等特征。对于某些图表类型，可以添加网格线和其他元素。你的图表应该看起来不错，你的数据也应该容易理解。

再想一想

想一想，一个饼图可以显示关于你、你的班级或你的家庭的哪些数据。举一个例子，记住要添加的标题、标签和图例。

6.6 柱形图

本课中

你将学到：

- 如何使用柱形图显示数据；
- 如何制作柱形图；
- 如何在其他文档中使用图表。

中文界面图

柱形图

柱形图是比较值的一种有用方法。在电子表格应用程序中，柱形图也称为条形图。柱形图使用不同高度的柱状来表示不同的值。你可以用柱形图来快速比较不同的值，而不用看数字。

在这节课中，你将学习如何将饼图转换成柱形图。

如何更改图表类型

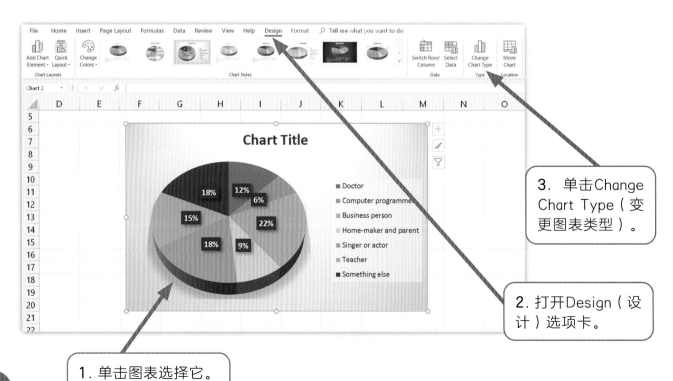

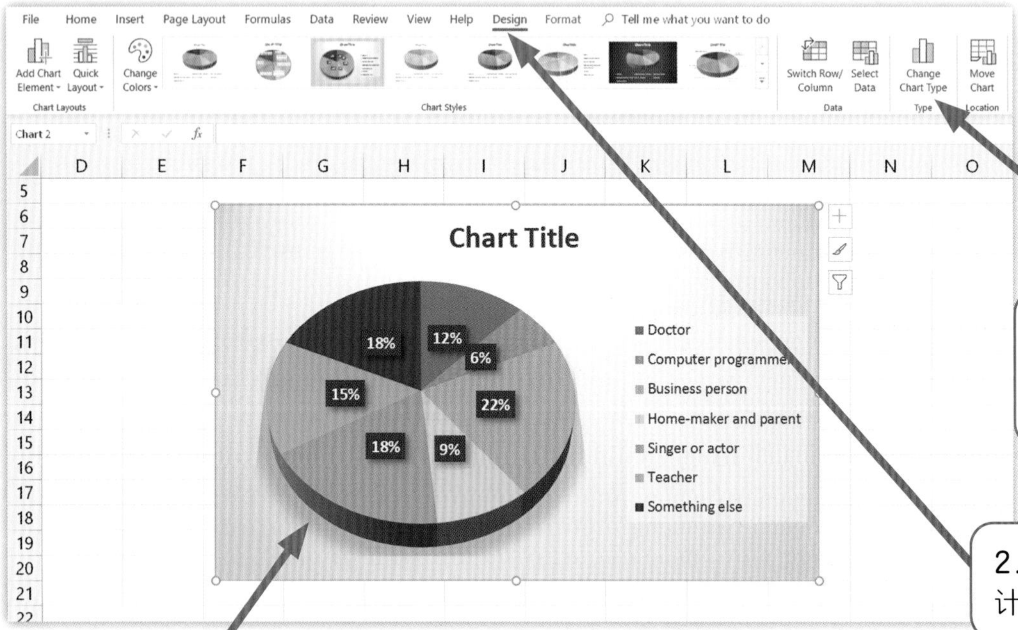

1. 单击图表选择它。

2. 打开Design（设计）选项卡。

3. 单击Change Chart Type（变更图表类型）。

选择一个柱形图，并选择一个配色方案

当你单击Change Chart Type 时，将打开一个新窗口，选择你喜欢的条形图类型。

1. 选择Column图表。

2. 选择一个风格。

3. 单击OK按钮完成。

Design选项卡可以让你选择颜色方案。

将图表复制到另一个文档

通过单击图表来选择图表，确保你已经选择了整个图表。通过右击并选择Copy选项来复制图表，也可以使用键盘按Ctrl+C快捷键。现在可以将图表粘贴到另一个文档中，例如在文字处理程序或演示应用程序中。

活动

将饼图更改为柱形图。

尝试不同的图表设计和配色方案，选择你最喜欢的柱形图类型，解释原因。

保存并打印你的工作。

再想一想

什么类型的文档中有数据?什么时候使用图表比使用数字更适合显示数据?解释为什么。

额外挑战

复制你的柱形图。

打开文字处理程序。

创建一个新文档，写一个简短的句子来解释你的柱形图显示了什么数据。

将柱形图粘贴到新文档中。

未来的数字公民

人们比以往任何时候都更愿意分享数据和信息。他们需要让数据在不同的语言、文化和业务中成为易于理解的技能。在文档中使用图表可以帮助你应对这一挑战。

测一测

你已经学习了：

➔ 如何在电子表格中存储数字值；
➔ 如何使用电子表格函数；
➔ 如何使用单元格引用创建电子表格公式；
➔ 如何制作饼图和柱形图显示数字值。

中文界面图

测试

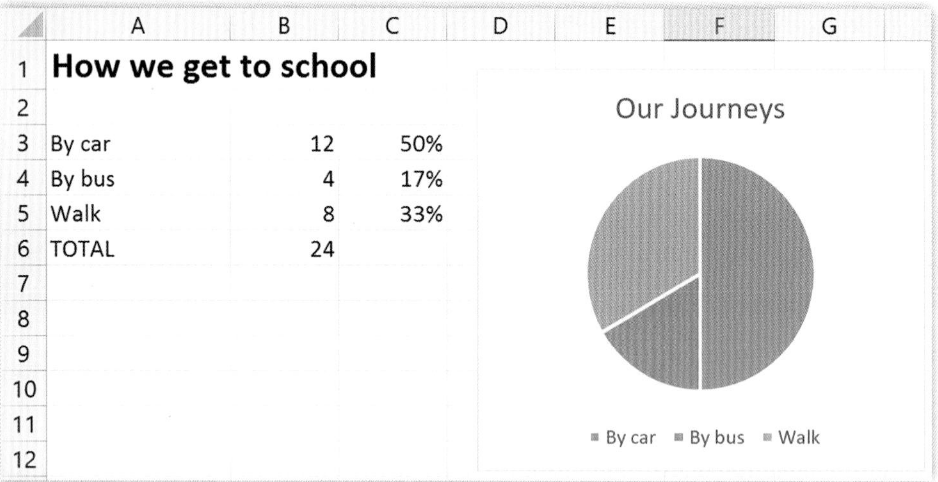

	A	B	C
1	**How we get to school**		
2			
3	By car	12	50%
4	By bus	4	17%
5	Walk	8	33%
6	TOTAL	24	
7			
8			
9			
10			
11			
12			

❶ 在此电子表格中给出一个数值。

❷ 哪个单元格有这个数字值？

❸ 如何计算出单元格B6的值？

❹ 学生乘汽车上学的比例是多少？用百分比和分数的形式给出你的答案。

❺ 解释这张电子表格中显示了什么类型的图表。

❻ 在单元格C5中使用了什么公式？

活动

一位老师想在学校运动会那天给学生送饮料。她问他们最喜欢什么饮料。这张电子表格显示了他们的答案。

1. 制作一个电子表格。

2. 用一个函数把学生总数加起来。

3. 使用公式计算出选择各种饮料的学生的百分比。

4. 做一个图表来显示数据。

	A	B
1	**Drinks for sports day**	
2		
3	Cola	6
4	Orange juice	7
5	Water	3
6	Strawberry milk	8
7	Iced tea	5
8		

自我评估

- 我回答了测试题1和测试题2。
- 我完成了活动1。我做了一个有字和值的电子表格。
- 我回答了测试题1 ~ 测试题4。
- 我完成了活动1 ~ 活动3。我做了一个有函数和公式的电子表格。
- 我回答了所有的测试题。
- 我完成了所有活动。

重读单元中你觉得不确定的部分，再试一次测试题和活动，这次你能做得更多吗？

词汇表

百分数（percentage）：（简称percent）一种用100中的数表示小数值的方法。例如，一半等于50%。

备份文件（back-up file）：一个重要文件的副本。制作了一个备份文件，以便在原始文件丢失或损坏时不会丢失重要信息。

背景（backdrop）：角色在屏幕的一个叫舞台的区域上移动。背景是填充舞台的画面。一个角色或多个角色可以在背景上移动。

边距（margin）：在页面印刷区域边缘的假想线。

变量（variable）：存储一个值。程序员给变量一个名称，如果他们把变量的名字输入程序，计算机就使用存储的值。

标签（labels）：为了提供提示信息输入到电子表格单元格中的文本值。计算时不能使用标签。

标注（mark-up）：指在编辑过程中添加到文档中的文字和符号，用来显示修订、评论或指示。

饼图（pie chart）：一种图表，通过把一个圆分成若干片来比较每一部分在整体中的份额。大份额显示为大片。

菜单（menu）：在万维网中，菜单是网站各部分的列表。单击菜单中的一个部分名，将在浏览器中打开该部分。

程序计划（program plan）：列出生成满足程序需求的结果的步骤。它通常列出输入、处理过程和输出。

传感器（sensors）：感知环境并将数据发送给计算机的输入设备，例如温度传感器和触感传感器。

存储驱动器（storage drive）：计算机的一种部件，用来存储数据文件。

单元格（cell）：构成电子表格网格的矩形称为单元格。一个单元格是由每行每列交叉形成的。

单元格引用（cell reference）：电子表格中的每个单元格都有一个名称，这个名称就是单元格引用。单元格引用是每列字母后面加行号。

电子表格（spreadsheet）：能在单元格中存储数据的计算机软件。电子表格可以使用公式和函数来对数据进行排序和更改。它们还可以利用数据进行计算，并以图表的形式显示结果。

电子表格公式（spreadsheet formula）：让计算机完成计算的指令。计算结果在电子表格单元格中显示。

段（segment）：饼图的一部分可以称为段。

对齐（alignment）：描述文本和图像如何在页面上排列，可以分为左对齐、右对齐、居中和分散对齐等。

多媒体（multimedia）：几种媒体类型一起使用来表达一个想法。多媒体用于网页、游戏程序和幻灯片演示等。

分段符（paragraph break）：类似于换行符，但它增加了行与行之间的间隙。

辅助技术（assistive technology）：帮助有特殊需求的用户使用计算机的设备和应用程序。屏幕阅读器、放大镜和布莱尔打印机是辅助技术的例子。

if 结构（if structure）：从逻辑测试开始。如果测试为真，则执行if结构内部的命令。

if…else：类似于if结构。如果检验为错误则执行另外的命令。

跟踪修订（track changes）：一种文字处理程序的功能，帮助人们在编写和编辑文档时进行协作。跟踪修订显示对文档进行了哪些更改，以及更改的人是谁。

共享驱动器（shared drive）：一种与多台计算机相连的存储区域，该区域中的文件可以由多个人打开，被称为文件共享。

关键词（key word）：在搜索引擎输入一个词，搜索引擎会找到包含关键词的网页。

关系运算符（relational operator）：比较两个值，这个比较要么为真（True），要么为假（False）。

换行符（line break）：在文档中新建一行，文字处理软件在你到达页边距时加一个换行符，你也可以自己添加换行符。

机器人（robot）：机器人是一种机器，它具有控制其运动的处理器，可以在没有人类操作员的情况下自行移动。

角色（sprite）：能够在屏幕上移动的小图像。程序控制角色。

可信赖的成年人（trusted adult）：在使用互联网时，如果你看到令人不安的内容或感到受到威胁，你可以与之交谈的成年人。一个值得信任的成年人可能是你的老师或家庭成员。

克隆（clone）：一个角色的精确复制。

连接运算符（join operator）：将两个值连接起来完成一个输出。

链接（link）：文档中的一个位置（对象），它可以链接到另一个文档。如果你单击一个链接，计算机就会打开新文档。链接用于从一个网页移动到另一个网页。网页上的链接也可以称为超链接。

浏览（browsing）：利用网页链接和菜单在万维网上查找信息。

流程图（flowchart）：一种将程序设计绘制成图表的方法。

逻辑测试（logical test）：要么为真（True）要么为假（False）的测试。逻辑测试通常使用关系运算符。

媒体（media）：所有类型的数字内容——可以包含图像、声音和视频等。

目录（table of contents）：文档中的标题列表，每个标题旁边都有一个页码，它帮助读者快速找到文档的各个部分。

屏幕阅读器（screen reader）：一种能朗读屏幕上文本的辅助技术。它常被盲人或视力部分失常的人使用。

嵌入式微处理器（embedded microprocessor）：一个微处理器，它被嵌入到一个设备内。嵌入式微处理器使设备更容易、更好地使用。

求和（sum）；将一组数值相加得到一个总数的结果。

闪存盘（flash drive）：一种小型的便携式设备，可以用来存储文件。一个闪存盘可以用来将文件从一台计算机传送到另一台计算机。闪存盘有时被称为记忆棒。

上传（upload）：如果你上传文件，该文件将从你的计算机复制到互联网站点。

书签（bookmark）：一种保存到所喜欢网页的链接的方法。网页浏览器用这个按钮保存你的书签。书签列表是你喜欢的网站列表，因此可以很快地再次找到它们。

输出（output)：从程序中出来的值或消息。它们可能是屏幕上的文字或声音。

输入（input）：用户输入计算机的任何数据或指令。输入也是我们提供输入时的动作。

数据文件（data file）：包含在计算机上所完成工作的一个文件。一个数据文件可以包含数字、文字、图像、视频或音频信息。

搜索引擎（search engine）：网站上的软件。你可以在搜索框中输入搜索条件，该软件可以找到与你搜索条件相匹配的网页。

条件结构（conditional structure）：if结构的另一个名称，其中有些命令只有在逻辑测试为真时才执行。

web浏览器（web browser）：计算机上的软件。网络浏览器用于在万维网上阅读网页。

万维网（world wide web）：由世界上所有的网页组成。它们通过互联网相连。

网络（network）：一组连接在一起的计算机。网络中的计算机可以相互通信，共享数据文件、消息和软件。互联网就是一个网络的例子。

网络存储器（network storage）：计算机网络上的设备，用户可以用来存储文件。

网络链接（web link）：从一个网页到另一个网页的链接。网络链接也被称为超链接。

网页（web page）：用HTML制作的文档。HTML通过互联网连接到你的计算机。你可以在浏览器中浏览Web页面。

网站（website）：网页的集合。网站由一个组织或个人拥有，通常包含关于某个主题或多个主题的网页。

微处理器（microprocessor）：计算机中的一个小部件，它是计算机的大脑。

项目符号列表（bullet list）：文档中内容的列表。每个项目都显示在单独的一行上。每行开头都有一个类似点的符号。项目符号列表使短篇文本更容易阅读。

校对（proofing）：proofreading的缩写。校对是指检查文档的拼写、语法和设计错误。通常，文档在打印或共享之前要进行校对。

需求（requirement）：说明期望一个程序能做什么。在开始编写程序之前，你必须了解需求。

页脚（footer）：页面底部的小区域。页脚通常显示页码。

页眉（header）：页面顶部的小区域。页眉可以显示文档名称、作者姓名或小标识。

隐私等级（privacy levels）：社交媒体网站（如微信）的设置，允许你选择谁可以看到你的信息。

云（cloud）：如果某种东西是基于云的，就意味着你可以在互联网上使用它。一个常见的例子就是云存储（基于云的存储）。也就是将文件存储在远程计算机上，通过Internet连接存储。

运算符（operator）：改变或转换值。例如，数学中使用的符号是运算符。在Scratch中，运算符是绿色积木块。

侦测积木块（sensing block）：一种在Scratch中使用的浅蓝色积木块，用于侦测程序的输入。侦测积木块的例子包括用户可以回答的问题，以及侦测两个角色是否发生碰撞。

值（values）：在电子表格软件中，值是指数字和数值表达式。

智能设备（smart device）：一种带有嵌入式微处理器并连接到互联网的设备。

柱形图（bar chart）：图的类型的一种，可以让你直观地比较数字值，每条的高度代表一个值的大小。

自动求和（AutoSum）：电子表格的一个函数，它自动将一组数中所有值的全部加起来。